无锡市职业教育 精品课程教材

职业院校数控技术专业教学用书

数控应用数学

主　编　崔永红

参　编　庞骁红　蔡玲华　丁新梅　王小杰

电子工业出版社
Publishing House of Electronics Industry
北京·BEIJING

内 容 简 介

本书参照教育部颁布的数学课程标准以及江苏省五年制高职数学课程标准，结合近几年实际教学情况编写而成。本书力求体现职业学校数学的基础性、职业性等特点，注重加强数学与专业课程的融通，用数学解决专业问题，用专业案例学习数学。

主要内容有：解三角形的应用（包括解直角三角形的应用、解斜三角形的应用），平面解析几何的应用（包括坐标法的应用、直线方程的应用、二次曲线的应用），立体几何的应用（包括空间坐标系的应用、空间几何体面积与体积的计算）。

本书采用模块化的编写结构，内容由浅入深，突出应用。本书可作为数控、机械加工专业的教材使用，也可作为相关技术人员的参考用书。

未经许可，不得以任何方式复制或抄袭本书之部分或全部内容。
版权所有，侵权必究。

图书在版编目（CIP）数据

数控应用数学 / 崔永红主编. —北京：电子工业出版社，2021.8
ISBN 978-7-121-41920-1

Ⅰ. ①数… Ⅱ. ①崔… Ⅲ. ①数控机床—应用数学—高等学校—教材 Ⅳ. ①TG659

中国版本图书馆 CIP 数据核字（2021）第 177735 号

责任编辑：张　凌
印　　刷：三河市龙林印务有限公司
装　　订：三河市龙林印务有限公司
出版发行：电子工业出版社
　　　　　北京市海淀区万寿路 173 信箱　邮编　100036
开　　本：787×1 092　1/16　印张：7.25　字数：185.6 千字
版　　次：2021 年 8 月第 1 版
印　　次：2021 年 8 月第 1 次印刷
定　　价：24.00 元

凡所购买电子工业出版社图书有缺损问题，请向购买书店调换。若书店售缺，请与本社发行部联系，联系及邮购电话：(010) 88254888，88258888。

质量投诉请发邮件至 zlts@phei.com.cn，盗版侵权举报请发邮件至 dbqq@phei.com.cn。
本书咨询联系方式：(010) 88254583，zling@phei.com.cn。

前言
PREFACE

在现行的江苏省职业院校数学教材中，有关数学与专业课程相结合的案例不多，数学与专业内容结合不够紧密。为此，我们从2016年开始，在遵循数学教学规律的基础上，以数控专业为例，进行数学课程改革，着力研究数学与数控专业课程融合的问题。2018年2月完成了本书的初稿，并作为数控专业校本教材使用，受到了师生的欢迎。本书对应的"数控应用数学"课程被评选为2020年无锡市职业教育精品课程（无锡市教育局《关于公布2020年无锡市职业教育精品课程和优秀名师工作室名单的通知》锡教高职函〔2020〕5号）。

数控加工是由计算机按程序控制机床进行零件加工的。数控加工的关键，一是数据加工工艺的制订，二是依据加工工艺完成数控加工程序的编制。编制程序时需要进行数据计算，数据计算是编程的重要环节，是数控加工的基础。

本书紧密联系数控加工中的实际案例，力求实例丰富，紧贴实际，为学生学习数控加工打好基础。为便于学生直观想象，本书在编写时，既绘制了零件图，又绘制了平面图。本书具有以下三个特点。

1. 模块化：全书分三个模块、七个项目，在每个项目内又分成若干任务。每个任务分为：任务解读与目标、任务内容与结构（包括任务分析、知识链接、任务实施、任务小结）、任务拓展与提升等板块，体例新颖。

2. 实用性：从学生实际和专业需要出发，选取合理的教学内容，体现数学的工具作用。

3. 针对性：内容安排由浅入深，循序渐进，用数学解决相关数控问题，为专业课程的学习打下良好的基础。

本书由崔永红老师担任主编，参加编写的还有庞骁红、蔡玲华、丁新梅、王小杰老师。在编写过程中，得到了各级教研部门的大力支持，江苏联合职业技术学院南京分院程德胜教授、江苏联合职业技术学院宿迁分院张月极主任等对本书提出了不少有益的建议，对此表示衷心感谢！

本书适合数控专业的学生使用，可在学完文化课教材《数学》第一册、第二册之后进行学习，建议学时为38学时，本书也可作为教师平时的教学参考书或机械加工相关专业的选学教材。

由于编者水平有限，本书不足之处在所难免，恳请各位读者提出宝贵意见和建议，以便改版时修订完善。

《数控应用数学》编写组

目录 CONTENTS

模块一　解三角形的应用 ·· 1

　项目一　解直角三角形的应用 ··· 2
　　　任务 1　圆锥体零件长度的计算 ··· 2
　　　任务 2　有关零件尺寸计算公式的推导 ··· 8
　　　任务 3　较复杂零件的尺寸计算 ··· 14
　项目二　解斜三角形的应用 ··· 22
　　　任务 1　应用正弦定理求解零件尺寸 ·· 22
　　　任务 2　应用余弦定理求解零件尺寸 ·· 27
　　　任务 3　综合应用正弦定理、余弦定理求解零件尺寸 ····························· 33
　模块小结 ·· 39

模块二　平面解析几何的应用 ·· 40

　项目一　坐标法的应用 ··· 41
　　　任务 1　写出零件的二维坐标 ·· 41
　　　任务 2　求零件的加工坐标 ··· 45
　　　任务 3　求零件中的孔间距 ··· 51
　项目二　直线方程的应用 ·· 55
　　　任务 1　求零件中孔心到边线的距离 ·· 55
　　　任务 2　求零件中两直线相交成的基点坐标 ··· 59
　项目三　二次曲线的应用 ·· 64
　　　任务 1　求零件中圆弧的圆心坐标 ·· 64
　　　任务 2　求椭圆零件的锥度 ··· 68
　　　任务 3　求含双曲线零件的基点坐标 ·· 72
　　　任务 4　求零件中二次曲线相交成的基点坐标 ······································ 78
　模块小结 ·· 84

模块三　立体几何的应用 ·· 85

　项目一　空间坐标系的应用 ··· 86
　　　任务　　写零件的三维坐标 ··· 86

项目二　空间几何体面积与体积的计算 …………………………………… 92
　　　　任务 1　多面体面积与体积的计算 ……………………………………… 92
　　　　任务 2　旋转体面积与体积的计算 ……………………………………… 96
　　模块小结 ……………………………………………………………………… 101

　附录　公式一览表 …………………………………………………………… 102

模块一
解三角形的应用

解三角形在专业课程和生产实践中应用广泛，它可以揭示一些公式的由来，解决加工中所需要确定的数量关系，还可以帮助我们对加工对象进行工艺分析，对零件的轮廓形体以及在加工过程中测量、检验所需尺寸进行分析计算. 解三角形是实际生产中进行数学处理时应掌握的方法之一.

项目一

解直角三角形的应用

解直角三角形在数控加工和生产实践中应用广泛,它可以揭示一些应用公式的由来,解决加工中需要确定的数量关系,是数控加工中进行数学处理的重要方法之一.

任务1 圆锥体零件长度的计算

【任务解读与目标】

1. 观察零件图,读懂实体图与零件图,明确各线段、角之间的对应关系.
2. 观察零件加工图,弄清图中标注尺寸所表达的含义.
3. 分析任务中所求的量在零件加工图中表示的具体含义.
4. 仔细分析图中的数量关系,构建直角三角形,并求解得到相关的量.

【任务内容与结构】

任务内容

在数控车床上加工如图 1-1(a)所示的圆锥体零件,尺寸标注如图 1-1(b)所示,圆台的锥度为 ▷1∶5,求前端小圆锥的直径 d 与长度 L 的值.

任务分析

1. 图中标注的轴向尺寸的含义分别为:5 为小圆柱体的长度、26 为小圆锥底面到圆台大圆的长度、28 为小圆锥底面到大圆柱上底面的距离、33 为小圆锥底面到大圆柱下底面的距离.
2. 图中径向尺寸的含义分别为:$\phi30$ 为圆台大圆的直径,$\phi38$ 为大圆柱的直径.

模块一 解三角形的应用

（a）

（b）

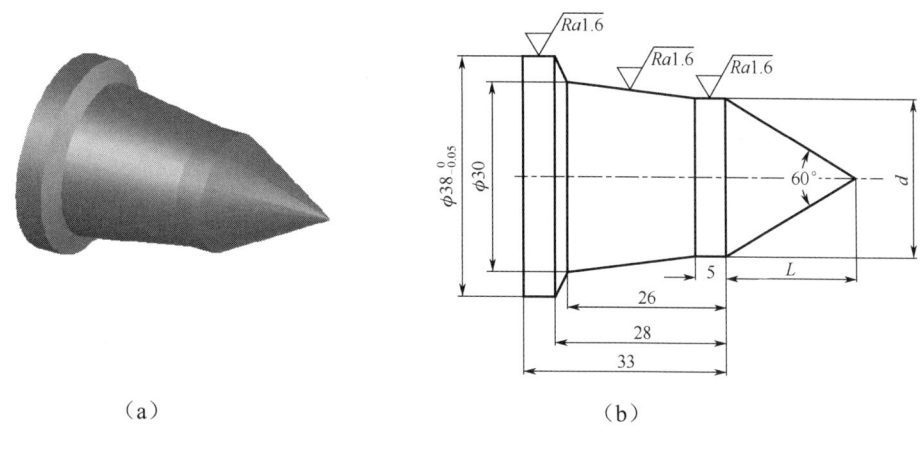

图 1-1

3．60°为圆锥的锥角，圆台的锥度是 1∶5．
4．所求小圆锥的直径与长度即为零件图中等边三角形的边长与边上高的大小．
5．构建如图 1-2 所示的 Rt△ABE，利用锥度求得圆台小圆的直径．
6．构建如图 1-2 所示的 Rt△GFH，利用直角三角形中的正切函数可求得高 FH．

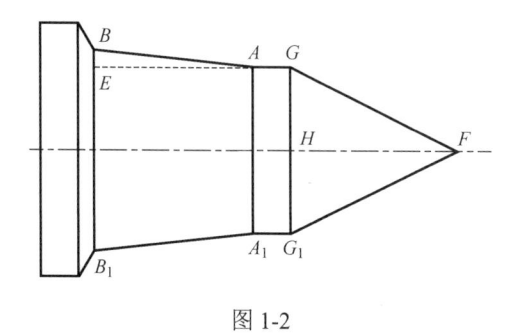

图 1-2

知识链接

1．圆锥的锥角 α 与锥度（见表 1-1）．

表 1-1　圆锥的锥角 α 与锥度

图　形	锥角 α 与锥度
	在圆锥的轴截面内，两条母线间的夹角称为锥角 α． 锥度 $C = \dfrac{d}{L}$

2．圆台的锥度（见表1-2）.

表1-2 圆台的锥度

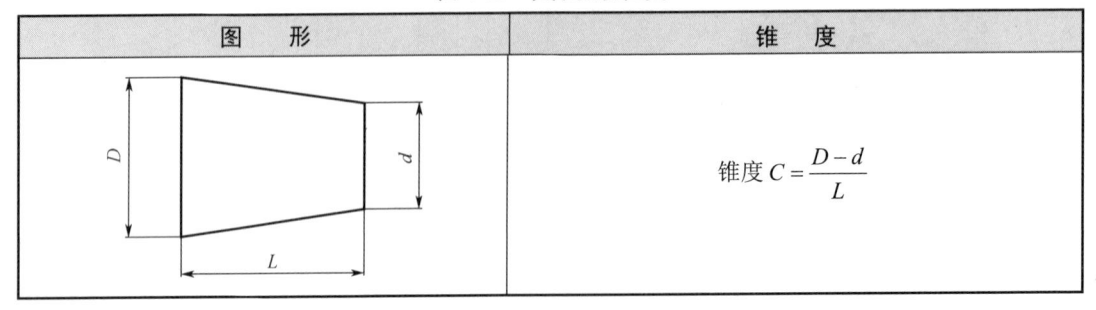

图　形	锥　度
	锥度 $C = \dfrac{D-d}{L}$

3．直角三角形的边角关系（见表1-3）.

表1-3 直角三角形的边角关系

图　形	关　系　式	记　忆　方　法
	$\sin A = \dfrac{a}{c}$	$\sin A = \dfrac{对边}{斜边}$
	$\cos A = \dfrac{b}{c}$	$\cos A = \dfrac{邻边}{斜边}$
	$\tan A = \dfrac{a}{b}$	$\tan A = \dfrac{对边}{邻边}$
	$c^2 = a^2 + b^2$	直角三角形的两条直角边的平方和等于斜边的平方（勾股定理）
	$CD^2 = AD \times BD$	在直角三角形中，斜边上的高是两条直角边在斜边射影的比例中项（射影定理）

已知直角三角形一条直角边和一个锐角或斜边和一个锐角就可以解这个三角形．直角三角形的边角关系在对加工零件进行分析和计算中，起着非常重要的作用．下面通过构建直角三角形来解决此任务．

任务实施

【解】（1）如图1-2所示，过点 A 作 $AE \perp BB_1$，E 为垂足．

$$AE = 26 - 5 = 21$$
$$BE = \dfrac{1}{2}(BB_1 - AA_1) = \dfrac{1}{2}(30 - d)$$

因为 $\dfrac{BB_1 - AA_1}{AE} = \dfrac{1}{5}$

所以 $\dfrac{30 - d}{21} = \dfrac{1}{5}$

解得 $d = 25.8$

即小圆锥的直径为 25.8.

(2) 在 Rt△GFH 中

$$\angle GFH = \frac{1}{2}\angle GFG_1 = 30°$$

$$GH = \frac{1}{2}d = 12.9$$

$$\tan 30° = \frac{GH}{FH} = \frac{12.9}{L}$$

所以 $L \approx 22.3$

即小圆锥的长度为 22.3.

任务小结

构造直角三角形，运用勾股定理和射影定理是解决问题的关键.

【任务拓展与提升】

任务拓展

在如图 1-3 所示的工件上钻 85° 的斜孔，可将工件的一端垫高，使之与水平面成 5°，问应在离顶端 A 点 800mm 处垫高多少？

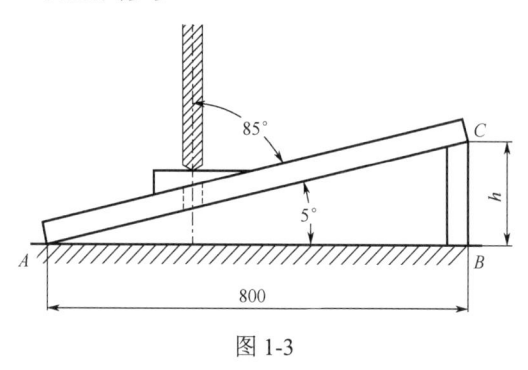

图 1-3

【解】如图 1-3 所示，工件抬高后与水平面构建 Rt△ABC

由题意得 $AB = 800$mm，$\angle BAC = 5°$，所求高 $h = BC$

因为 $\tan \angle BAC = \dfrac{BC}{AB}$

所以 $BC = AB \times \tan \angle BAC$

$h = 800 \times \tan 5° \approx 70$

即工件应垫高约 70mm.

任务提升

1. 加工如图 1-4（a）所示的零件，根据图 1-4（b）所示的尺寸，求角 β.

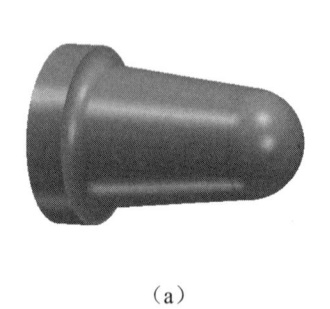

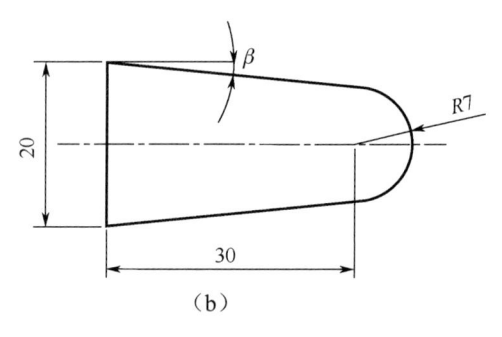

（a） （b）

图 1-4

2. 某零件如图 1-5（a）所示，根据图 1-5（b）所示尺寸，求 x 与 y 的值．

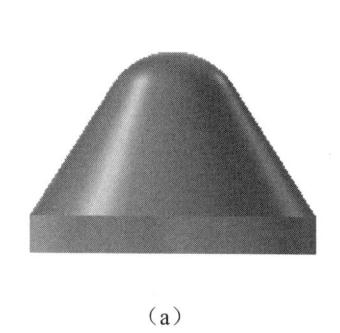

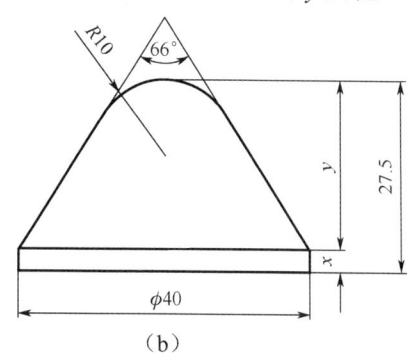

（a） （b）

图 1-5

任务2　有关零件尺寸计算公式的推导

【任务解读与目标】

观察零件图，读懂实体图与零件图，明确各线段间、角之间的对应关系，会用直角三角形的边角关系推导零件尺寸的常用公式.

【任务内容与结构】

任务内容

如图 1-6 所示，为开口式平带传动图，其中带的长度计算公式是 $L = 2a + \dfrac{\pi}{2}(D+d) + \dfrac{(D-d)^2}{4a}$，试推导这个公式.

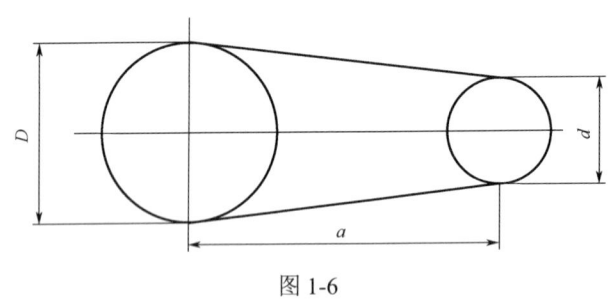

图 1-6

任务分析

作计算图，如图 1-7 所示，由于图形是对称的，因此整个带长 L 为上半部带长的 2 倍，即 L 是弧 HB、弧 CI 和线段 BC 长之和的 2 倍，所以只要求弧 HB、弧 CI、线段 BC 长即可. 弧 HB、弧 CI 的长可由弧长公式计算得出，线段 BC 的长可利用三角函数求得.

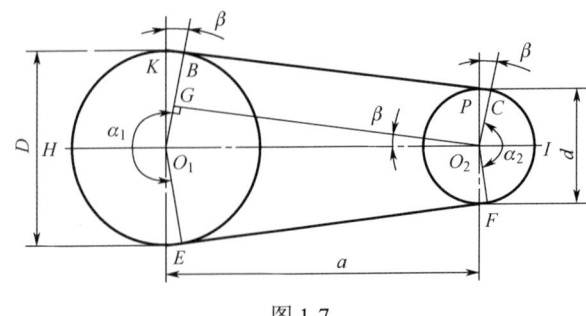

图 1-7

知识链接

1. 弧长公式：如图 1-8 所示，设扇形的半径为 r，圆弧长为 l，圆心角为 α，则

$$l = r|\alpha|$$

式中 α 的单位为弧度．

2. 当 α 很小时，$\sin\alpha \approx \alpha$，$\sin\alpha \approx \tan\alpha$．

3. 当 x 很小时，$\sqrt{1-x} \approx 1-\dfrac{x}{2}$，$\sqrt{1+x} \approx 1+\dfrac{x}{2}$．

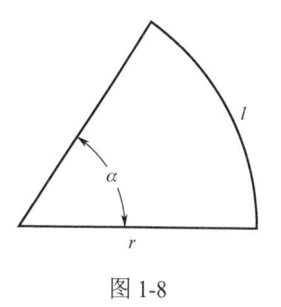

图 1-8

任务实施

【解】如图 1-7 所示，设带长为 L，作 $O_2G \perp O_1B$，则

$$BC = GO_2, \quad \angle GO_2O_1 = \angle KO_1B = \angle PO_2C = \beta$$

由弧长公式得

$$\text{弧 } HB = \frac{\alpha_1}{2} \times \frac{D}{2} = \frac{D}{2}\left(\frac{\pi}{2} + \beta\right)$$

$$\text{弧 } CI = \frac{\alpha_2}{2} \times \frac{d}{2} = \frac{d}{2}\left(\frac{\pi}{2} - \beta\right)$$

在 $\text{Rt}\triangle O_2O_1G$ 中

$$GO_2 = \sqrt{O_1O_2{}^2 - O_1G^2} = \sqrt{a^2 - \left(\frac{D-d}{2}\right)^2}$$

$$\sin\beta = \frac{O_1G}{O_1O_2} = \frac{D-d}{2a}$$

综合上述结果，得

$$L = 2\left(\frac{D}{2}\left(\frac{\pi}{2}+\beta\right) + \frac{d}{2}\left(\frac{\pi}{2}-\beta\right) + \sqrt{a^2 - \left(\frac{D-d}{2}\right)^2}\right)$$

$$= D\left(\frac{\pi}{2}+\beta\right) + d\left(\frac{\pi}{2}-\beta\right) + 2\sqrt{a^2 - \left(\frac{D-d}{2}\right)^2}$$

$$= \frac{\pi}{2}(D+d) + \beta(D-d) + 2\sqrt{a^2 - \left(\frac{D-d}{2}\right)^2}$$

当 $\beta \leqslant 5°$ 时，有 $\sin\beta \approx \beta$，且有 $\sqrt{1-x} \approx 1-\dfrac{x}{2}$

所以 $\beta = \dfrac{D-d}{2a}$

$$\sqrt{a^2 - \left(\frac{D-d}{2}\right)^2} = \sqrt{a^2\left[1-\left(\frac{D-d}{2a}\right)^2\right]} = a\sqrt{1-\left(\frac{D-d}{2a}\right)^2}$$

$$\approx a\left[1-\frac{1}{2}\times\frac{(D-d)^2}{4a^2}\right]=a-\frac{(D-d)^2}{8a}$$

因此 $\quad L=2a+\dfrac{\pi}{2}(D+d)+\dfrac{(D-d)^2}{4a}$

任务小结

在实际应用中，计算皮带长度均采用上面的近似公式．求得的皮带长度要取整数，还必须按照有关国家标准进行修正，取一个等于计算长度的值，如果没有，则取一个最接近的、稍大的值．

【任务拓展与提升】

任务拓展

如图 1-9（a）所示的圆锥孔，其大端直径很难直接测量，可以通过间接测量再计算的方法得出圆锥孔的大端直径尺寸．具体方法是把一个钢球放入圆锥孔内，如图 1-9（b）所示，用深度千分尺量出尺寸 h，然后用公式 $D=\dfrac{D_0}{\cos\dfrac{\alpha}{2}}+(D_0-2h)\tan\dfrac{\alpha}{2}$ 就可以计算大端直径，式中 D 为圆锥孔大端直径(mm)，D_0 为钢球直径(mm)，h 为钢球露出零件端面的高度(mm)，$\dfrac{\alpha}{2}$ 为圆锥锥角的一半（°），试推导该公式．

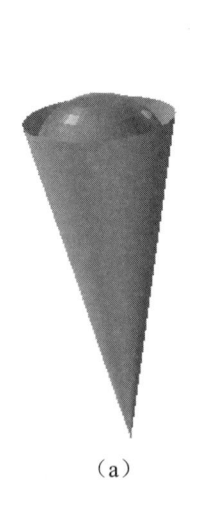

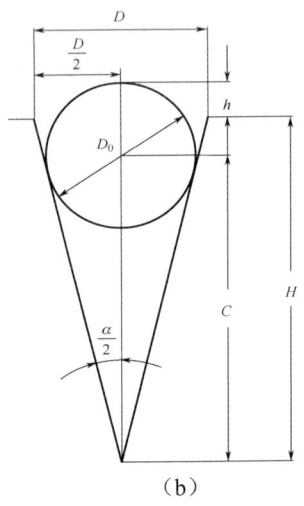

（a） （b）

图 1-9

【解题思路】 由公式可知，构建包含 $\dfrac{\alpha}{2}$、D_0、D 的直角三角形是解题关键．故作辅助线，如图 1-10 所示，通过 Rt△AFO 和 Rt△ABE，可推导此计算公式.

【解】 如图 1-10 所示，点 B、F 为垂足（点 F 为圆与直线的切点）．

在 Rt△AFO 中

$$AO = C,\quad OF = \dfrac{D_0}{2},\quad \angle OAF = \dfrac{\alpha}{2}$$

所以 $\sin\dfrac{\alpha}{2} = \dfrac{OF}{AO} = \dfrac{\dfrac{D_0}{2}}{C}$

则 $C = \dfrac{\dfrac{D_0}{2}}{\sin\dfrac{\alpha}{2}} = \dfrac{D_0}{2\sin\dfrac{\alpha}{2}}$

在 Rt△ABE 中

$$BE = \dfrac{D}{2},\quad AB = H,\quad \angle BAE = \dfrac{\alpha}{2}$$

所以 $\tan\dfrac{\alpha}{2} = \dfrac{BE}{AB} = \dfrac{\dfrac{D}{2}}{H}$

因此 $\dfrac{D}{2} = H\tan\dfrac{\alpha}{2}$

又因为 $H = C + \dfrac{D_0}{2} - h$

所以 $\dfrac{D}{2} = \left(C + \dfrac{D_0}{2} - h\right)\tan\dfrac{\alpha}{2}$

$$= \left[\dfrac{D_0}{2\sin\dfrac{\alpha}{2}} + \left(\dfrac{D_0}{2} - h\right)\right]\tan\dfrac{\alpha}{2}$$

$$= \dfrac{D_0}{2\sin\dfrac{\alpha}{2}}\tan\dfrac{\alpha}{2} + \dfrac{1}{2}(D_0 - 2h)\tan\dfrac{\alpha}{2}$$

$$= \dfrac{D_0}{2\cos\dfrac{\alpha}{2}} + \dfrac{1}{2}(D_0 - 2h)\tan\dfrac{\alpha}{2}$$

即 $D = \dfrac{D_0}{\cos\dfrac{\alpha}{2}} + (D_0 - 2h)\tan\dfrac{\alpha}{2}$

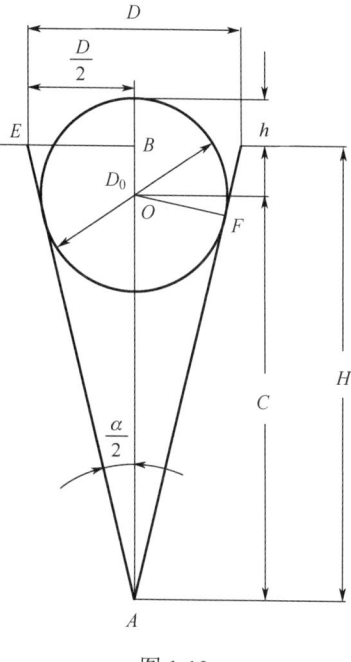

图 1-10

任务提升

1. 如图 1-11 所示为交叉式平带传动示意图，带长的计算公式为 $L = 2a + \dfrac{\pi}{2}(D+d) + \dfrac{(D+d)^2}{4a}$，请推导此公式.

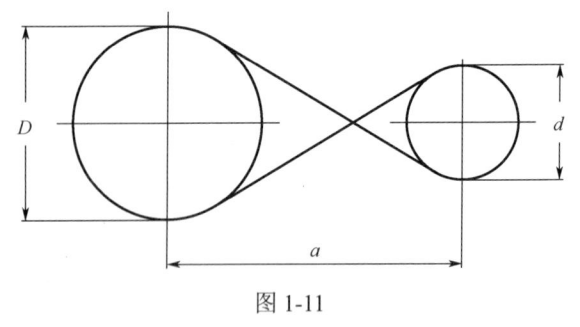

图 1-11

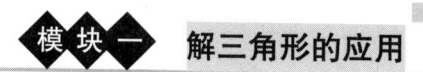

2．利用钢球间接测量圆锥孔的圆锥半角可用如图 1-12 所示的方法，其圆锥半角 $\dfrac{\alpha}{2}$ 的计算公式为 $\sin\dfrac{\alpha}{2}=\dfrac{D_0-d_0}{2(H-h)-(D_0-d_0)}$.

（1）请推导此公式.

（2）已知 $D_0=20\text{mm}$，$d_0=10\text{mm}$，$H=30\text{mm}$，$h=2\text{mm}$，计算圆锥半角.

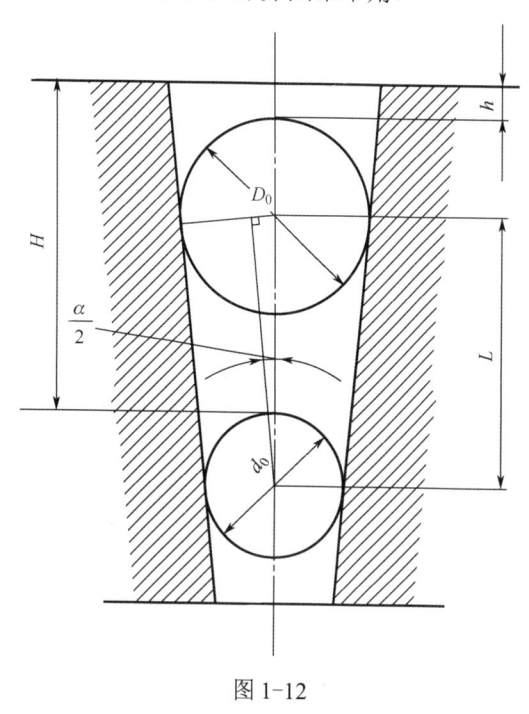

图 1-12

任务3 较复杂零件的尺寸计算

【任务解读与目标】

能较熟练地看懂零件图,综合应用直角三角形的相关知识求解零件的尺寸.

【任务内容与结构】

任务内容

在数控机床上加工如图 1-13(a)所示的零件,已知编程用轮廓尺寸如图 1-13(b)所示,试计算切点 B 相对于点 A 的距离.

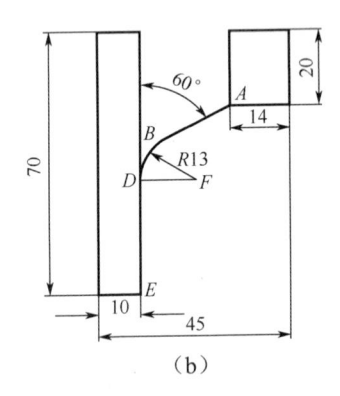

图 1-13

任务分析

如图 1-14 所示,过点 A、B 分别作竖直直线和水平线,交点为 J,得 Rt$\triangle ABJ$,BJ、AJ 就是点 B 相对于点 A 的水平距离和垂直距离. 因为 $\angle ABJ = \dfrac{60°}{2} = 30°$,所以只要知道 AB 的值就能计算出 BJ 和 AJ 的结果. 为此,根据图 1-13 所示尺寸及几何关系,作水平辅助线 HA,它与轮廓线的交点是 H,延长 AB 交轮廓线于点 C,再连接 FB、FC、FD,则 $AB = AC - BC$,显然通过直角三角形边的计算就可以解决问题.

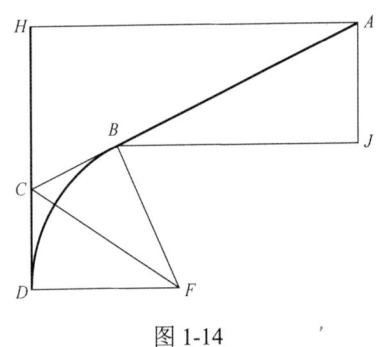

图 1-14

模块一　解三角形的应用

知识链接

1. 如图 1-15 所示，已知圆 O，直线 l 与圆相切于点 A，则 $OA \perp l$.
2. 如图 1-16 所示，线段 CA、CB 是圆 O 的切线，则 $CA = CB$.

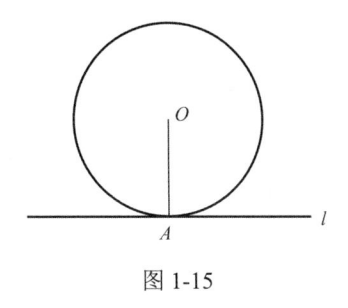

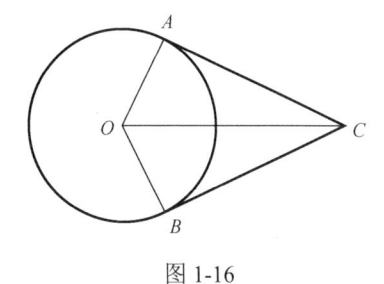

图 1-15

图 1-16

任务实施

【解】根据零件轮廓尺寸图作出计算分析图如图 1-14 所示.

在 Rt△AHC 中

$$AH = 45 - 10 - 14 = 21$$

$$\angle CAH = \frac{60°}{2} = 30°$$

所以　　　$AC = \dfrac{AH}{\cos \angle CAH} = \dfrac{21}{\cos 30°} \approx 24.249$

在 Rt△CDF 中

$$DF = R = 13$$

$$\angle CFD = \frac{1}{2} \angle BFD = \frac{1}{2} \angle HCA = \frac{1}{2} \times 60° = 30°$$

所以　　　$CD = BC = DF \tan \angle CFD = 13 \tan 30° \approx 7.506$

在 Rt△ABJ 中

$$AB = AC - BC = 24.249 - 7.506 = 16.743$$

$$\angle ABJ = \angle CAH = 30°$$

所以　　　$BJ = AB \cos \angle ABJ = 16.743 \cos 30° \approx 14.50$

　　　　　$AJ = AB \sin \angle ABJ = 16.743 \sin 30° \approx 8.37$

即切点 B 相对于 A 点的水平距离和垂直距离分别是 14.50 和 8.37.

任务小结

利用直线与圆相切，直角三角形中的三角函数，是解决问题的基本思路.

【任务拓展与提升】

任务拓展

1. 如图 1-17（a）所示的零件，试根据图 1-17（b）所示的零件尺寸，求角 α．

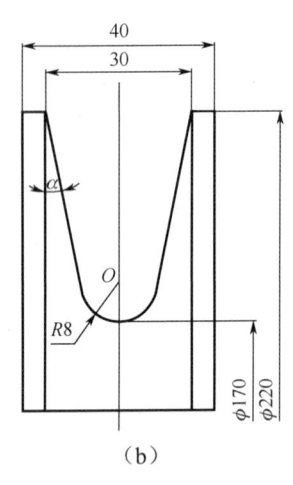

图 1-17

【解题思路】 直接求角 α 条件不足，但 α 处于一个直角中，所以只要求出 α 的一个余角，则 α 就可求出了．为此，作计算图如图 1-18 所示，由已知数据计算出 $\angle OAB$、$\angle OAC$ 就可以了．

【解】 作计算图如图 1-18 所示，点 B 为切点，则

$$OB = 8，OB \perp AB$$

在 Rt$\triangle AOC$ 中

$$AC = \frac{30}{2} = 15$$

$$OC = \frac{220}{2} - \frac{170}{2} - 8 = 17$$

所以

$$AO = \sqrt{AC^2 + OC^2} = \sqrt{15^2 + 17^2} \approx 22.672$$

$$\tan \angle OAC = \frac{OC}{AC} = \frac{17}{15} \approx 1.133$$

则 $\angle OAC \approx 48°34'$

在 Rt$\triangle AOB$ 中

$$\sin \angle OAB = \frac{OB}{AO} = \frac{8}{22.672} = 0.353$$

则 $\angle OAB = 20°40'$

所以由对称性得

$$\alpha = 90° - \angle OAC - \angle OAB = 90° - 48°34' - 20°40' = 20°46'$$

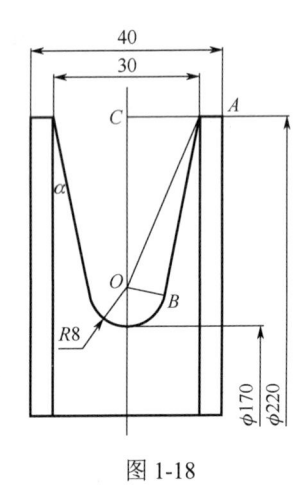

图 1-18

2. 如图 1-19（a）所示的一块型板，下料和加工测量时，需计算 H 值．试根据图 1-19（b）所示尺寸计算 H 值．

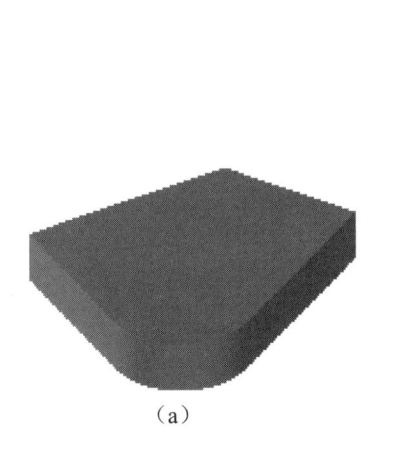

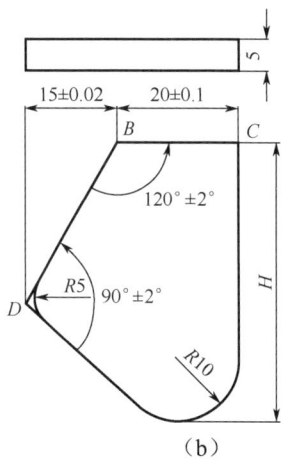

图 1-19

【解题思路】根据图形的几何关系和所给尺寸，作计算图，如图 1-20 所示，但还需作适当的辅助线：$DF \perp AC$，$OG \perp AC$，F、G 是垂足，这样就将 H 值的计算转化为直角三角形边的计算．

【解】如图 1-20 所示

在 Rt△ADF 中

$$DF = 15 + 20 = 35$$
$$\angle DAF = 180° - 120° = 60°$$

所以　　$AF = DF \cot \angle DAF = 35 \cot 60° \approx 20.207$

在 Rt△BDE 中

$$EB = 15, \angle BDE = 30°$$

所以　　$DE = EB \cot \angle BDE = 15 \cot 30° = 25.981$

所以　　$CF = 25.981$

在 Rt△AOG 中

$$OG = R = 10，\angle GAO = \frac{1}{2} \angle DAF = 30°$$

所以　　$GA = OG \cot \angle GAO = 10 \cot 30° \approx 17.321$

所以　　$H = CF + FG + GJ = CF + (FA - GA) + R$
　　　　　$= 25.981 + (20.207 - 17.321) + 10 = 38.867$

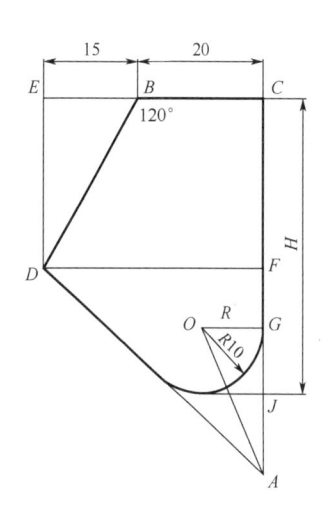

图 1-20

3. 加工如图 1-21（a）所示的零件时，要先计算出圆心 O 相对于点 A 的距离．试根据图 1-21（b）所示尺寸，计算点 O 相对于点 A 的水平距离和垂直距离．

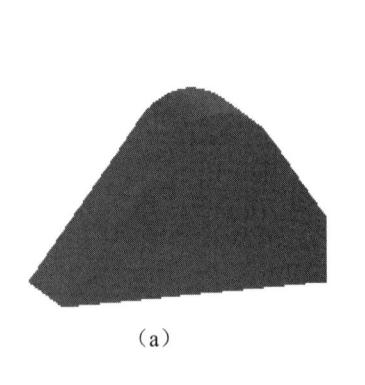

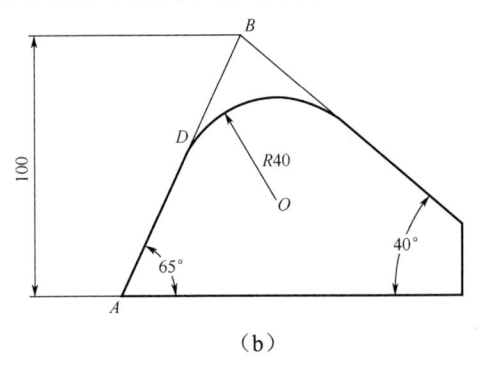

图 1-21

【解题思路】根据已知条件和几何关系，作计算图，如图 1-22 所示．Rt$\triangle OBF$ 的一个锐角 $\angle OBF$ 和斜边 OB 可求，则解 Rt$\triangle OBF$ 得 OF 和 BF，所以水平距离 $AG = AE + EG = AE + OF$，垂直距离 $OG = BE - BF$ 可求．

【解】作计算图如图 1-22 所示．

在 Rt$\triangle ABE$ 中，$BE = 100$，$\angle BAE = 65°$

所以 $\angle ABE = 25°$

$AE = BE \cot \angle BAE$
$= 100 \cot 65° \approx 46.631$

因为 $\angle BCA = 40°$

所以 $\angle OBD = \dfrac{1}{2} \angle ABC$
$= \dfrac{1}{2}(180° - 65° - 40°) = 37.5°$

则 $\angle OBF = 37.5° - 25° = 12.5°$

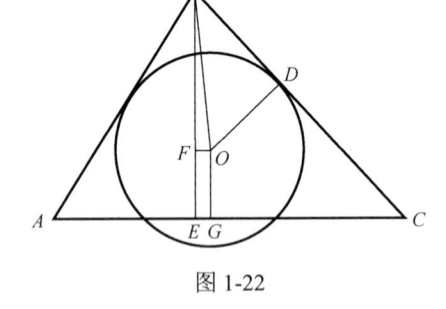

因为 $OD = R = 40$

所以 $OB = \dfrac{OD}{\sin \angle OBD} = \dfrac{40}{\sin 37.5°} \approx 65.707$

因此 $OF = OB \sin \angle OBF = 65.707 \sin 12.5° \approx 14.222$

所以 $EG = 14.222$

$BF = OB \cos \angle OBF = 65.707 \cos 12.5° \approx 64.149$

所以 $AG = AE + EG = 46.631 + 14.222 = 60.853 \approx 60.85$

$OG = EF = BE - BF = 100 - 64.149 = 35.851 \approx 35.85$

即圆心 O 相对于点 A 的水平和垂直距离分别是 60.85 和 35.85．

图 1-22

任务提升

1. 如图 1-23（a）所示，将多孔零件安装在车床的花盘上加工，先钻镗好 C 孔，然后移动工件加工 A、B 两孔．移动工件时应计算出水平移动和垂直移动的距离，以便依据它们调整工件位置．试根据图 1-23（b）所示数值分别求出加工 A 孔和 B 孔时应移动的水平距离和垂直距离．

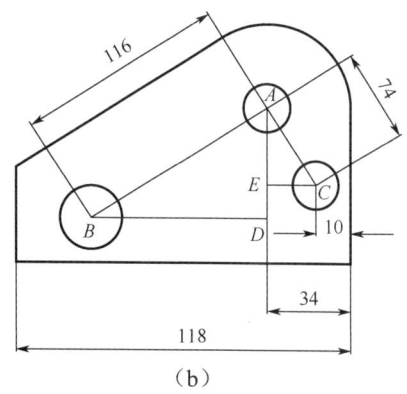

（a） （b）

图 1-23

2．加工如图 1-24（a）所示的零件，试用如图 1-24（b）所示数据表示燕尾角 α．

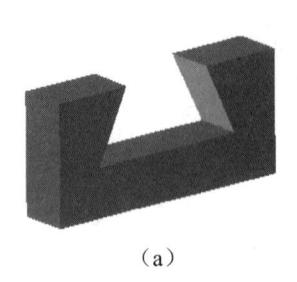

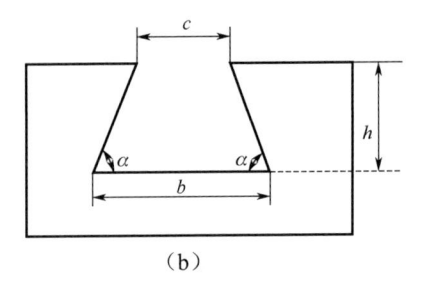

（a） （b）

图 1-24

3. 车削如图 1-25（a）所示的凹圆弧零件时，要先确定如图 1-25（b）所示中标注的长度 L，然后车削圆弧到一定深度 t，L 可用公式 $L=2\sqrt{R^2-h^2}$ 计算，试证明此公式，式中 L 为零件凹圆弧宽度，R 为零件凹圆弧的半径，h 为零件圆弧中心高度.

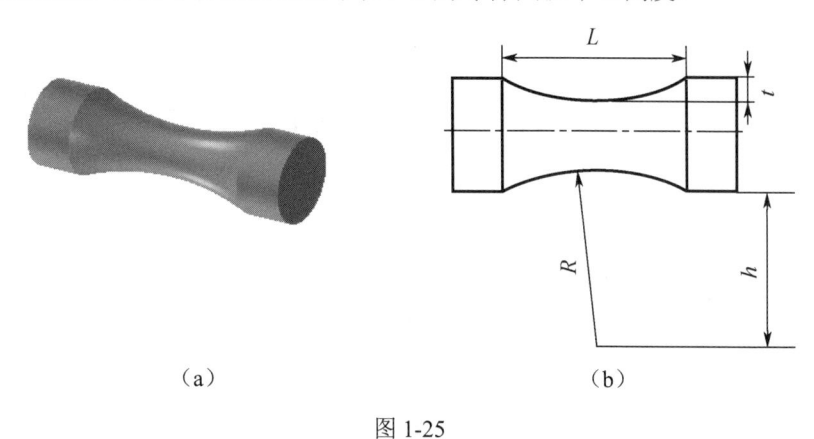

（a） （b）

图 1-25

项目二

解斜三角形的应用

应用直角三角形边角关系解决数控加工中的计算问题有其局限性．尤其是对于一些特殊形状的零件，需要运用正弦定理、余弦定理加以解决，这样才有利于帮助我们对加工对象进行工艺分析，对零件的轮廓形状及在加工过程中的测量、检验所需的尺寸进行分析计算，解斜三角形是实际生产中进行数学处理的最重要的方法之一．

任务1　应用正弦定理求解零件尺寸

【任务解读与目标】

1. 对于一些特殊形状的零件，由于它们的形状较为复杂，在工艺计算中，难以构建直角三角形加以解决，常常构建斜三角形，利用正弦定理使问题迎刃而解．

2. 能看懂零件图，能根据图形特征构建所求零件尺寸的斜三角形，并运用正弦定理求解零件尺寸．

【任务内容与结构】

任务内容

如图 1-26（a）所示的零件，试根据图 1-26（b）所示尺寸，计算 $R28$ 圆心 O' 相对于 $R100$ 圆心 O 的距离（其中点 B 为切点）．

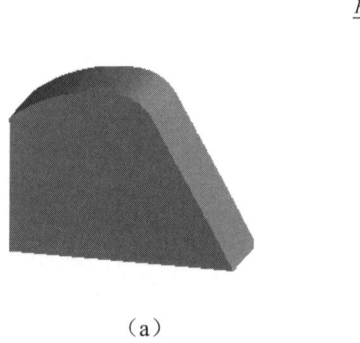

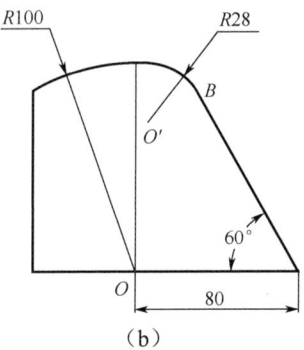

图 1-26

任务分析

连接 OO'，作 $O'C \perp OA$，垂足为点 C，得 Rt△COO'，如图 1-27 所示，直角边 OC 和 $O'C$ 为所求距离. 因为圆 O 与圆 O' 内切，可得圆心距 OO'，所以只需知道锐角 $\angle O'OC$ 的值. 根据已知条件和几何关系，再作辅助线：连接 BO'，作 $DO' \parallel BA$，交 OA 于点 D，作 $DE \parallel BO'$，交 BA 于点 E. 解△$OO'D$ 和△AED，即可得 $\angle O'OC$.

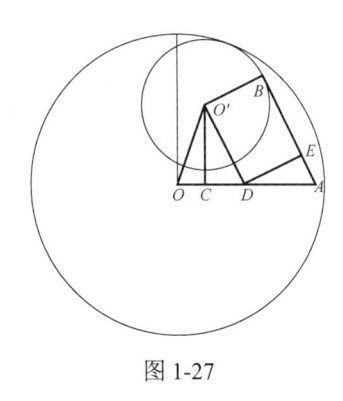

图 1-27

知识链接

正弦定理（见表 1-4）.

表 1-4　正弦定理

分　类	内　　容
图形	
正弦定理	在三角形中，各边和它所对角的正弦值的比值相等，且等于外接圆的直径
公式形式	$\dfrac{a}{\sin A}=\dfrac{b}{\sin B}=\dfrac{c}{\sin C}=2R$（其中 R 是三角形外接圆的半径）
变形公式	① $a:b:c=\sin A:\sin B:\sin C$ ② 角化边：$a=2R\sin A$，$b=2R\sin B$，$c=2R\sin C$ ③ 边化角：$\sin A=\dfrac{a}{2R}$，$\sin B=\dfrac{b}{2R}$，$\sin C=\dfrac{c}{2R}$
解决的问题	① 已知两角和任一边，求其他两边和另一角； ② 已知两边和其中一边的对角，求另一边和对角

任务实施

【解】作计算图，如图 1-27 所示

因为 $DO' \parallel BA$，$DE \parallel BO'$

所以 $O'BED$ 是平行四边形

因为 $O'B \perp BA$，$O'B = 28$

所以 $DE = 28$，$DE \perp BA$

由于 $\angle BAD = 60°$

在 Rt△ADE 中，$\angle EDA = 30°$

$$DA = \frac{DE}{\sin \angle BAD} = \frac{28}{\sin 60°} \approx 32.332$$

所以 $OD = OA - DA = 80 - 32.332 = 47.668$

因为 $OO' = 100 - 28 = 72$

$\angle O'DO = \angle BAD = 60°$

由正弦定理，得

$$\frac{OO'}{\sin \angle O'DO} = \frac{OD}{\sin \angle OO'D}$$

即

$$\frac{72}{\sin 60°} = \frac{47.668}{\sin \angle OO'D}$$

> 提示：
> 两条平行线被第三条直线所截得的同位角（内错角）相等．

所以 $\angle OO'D \approx 34°59'$

则 $\angle O'OC = 180° - 60° - 34°59' = 85°1'$

所以 $OC = OO' \cos \angle O'OC = 72 \cos 85°1' \approx 6.26$

$O'C = OO' \sin \angle O'OC = 72 \sin 85°1' \approx 71.73$

即 $R28$ 圆心 O' 相对于 $R100$ 圆心 O 的水平距离和垂直距离分别为 6.26 和 71.73．

任务小结

将所求的线段和角度归结到同一个三角形中，如果已知两个角或对边对角，一般用正弦定理求解．

【任务拓展与提升】

任务拓展

加工如图 1-28（a）所示的端面圆头，试根据图 1-28（b）所示尺寸计算出锥形部分小

端直径 d 和圆头宽度 t.

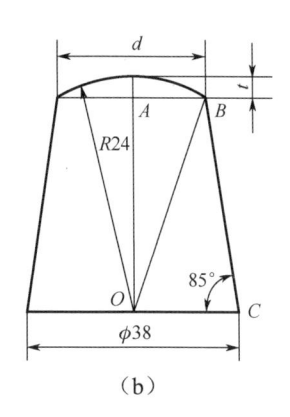

图 1-28

【解题思路】 从图 1-28（b）所示中可以看出 $d = 2AB$，$t = R - AO$，要求 AB 和 AO，需求出 $\angle AOB$，而 $\angle AOB$ 与 $\angle COB$ 互余，因此需要解 $\triangle COB$.

【解】 如图 1-28（b）所示，在 $\triangle COB$ 中

$$\angle BCO = 85°，CO = 19，OB = 24$$

由正弦定理，得

$$\frac{OB}{\sin \angle BCO} = \frac{OC}{\sin \angle OBC}$$

代入数据

$$\frac{24}{\sin 85°} = \frac{19}{\sin \angle OBC}$$

$$\sin \angle OBC = \frac{19}{24} \sin 85° \approx 0.789$$

于是 $\angle OBC = 52°5'$

所以 $\angle BOC = 180° - 85° - 52°5' = 42°55'$

则 $\angle AOB = 90° - 42°55' = 47°5'$

在 Rt$\triangle OBA$ 中

$$AB = OB \sin \angle AOB = 24 \sin 47°5' \approx 17.576$$

$$AO = OB \cos \angle AOB = 24 \cos 47°5' \approx 16.343$$

所以 $d = 2AB = 2 \times 17.576 \approx 35.15$

$t = R - AO = 24 - 16.343 \approx 7.66$

即锥形部分小端直径 d 为 35.15，圆头宽度 t 为 7.66.

任务提升

加工如图 1-29（a）所示的零件缺口圆弧 AB 时，需计算如图 1-29（b）所示缺口圆弧 AB 弦的长度，试根据图示尺寸求 AB 弦长.

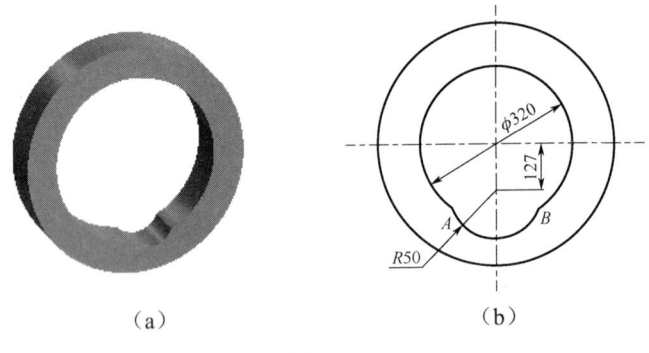

（a）　　　　　（b）

图 1-29

模块一 解三角形的应用

任务2　应用余弦定理求解零件尺寸

【任务解读与目标】

1. 对于一些特殊形状的零件，由于它们的形状较为复杂，在工艺计算中，难以构建直角三角形加以解决，余弦定理能充分发挥其重要作用，使问题迎刃而解.

2. 能看懂零件图，能根据图形特征构建所求零件尺寸的三角形，运用余弦定理求解零件的尺寸.

【任务内容与结构】

任务内容

利用三爪卡盘装夹偏心零件时，如图 1-30（a）所示，当偏心距较小（$e \leqslant 5\sim6$mm）时，需在其中任意一爪头上垫一定厚度的垫块，如图 1-30（b）所示，若偏心零件直径为 D（半径为 R），偏心距为 e，试求垫块厚度 H.

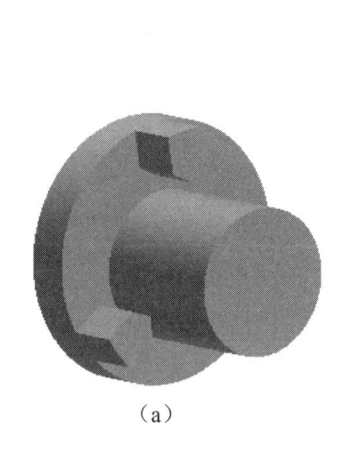

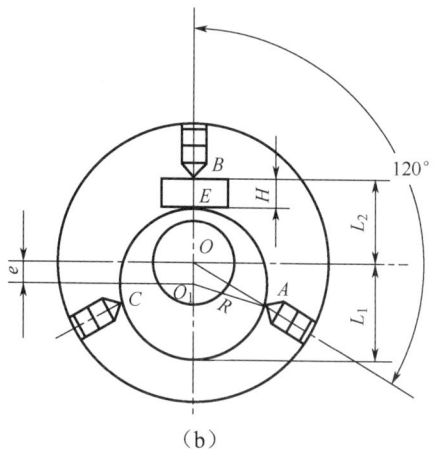

图 1-30

任务分析

由于三爪卡盘的三个卡爪是径向同步运动的，每爪相隔120°，在车削偏心零件时垫块的厚度并不等于偏心距. 从图 1-30（b）所示中可知

$$OO_1 = e,\quad OA = OB,\quad O_1A = O_1E = R = \frac{D}{2}$$

$$H = OB + OO_1 - O_1E = OA + e - \frac{D}{2}$$

其中 OA 与 e 的关系可以从解 $\triangle AOO_1$ 得到.

知识链接

余弦定理（见表 1-5）.

表 1-5　余弦定理

分　类	内　　容
图形	（三角形图，顶点 A、B、C，边 a、b、c）
余弦定理	在三角形中，任一边的平方等于其他两边的平方和减去这两边与它们夹角的余弦的乘积的两倍
公式形式	$a^2 = b^2 + c^2 - 2bc\cos A$ $b^2 = a^2 + c^2 - 2ac\cos B$ $c^2 = a^2 + b^2 - 2ab\cos C$
变形公式	$\cos A = \dfrac{b^2 + c^2 - a^2}{2bc}$ $\cos B = \dfrac{a^2 + c^2 - b^2}{2ac}$ $\cos C = \dfrac{a^2 + b^2 - c^2}{2ab}$
解决的问题	① 已知三边，求各角； ② 已知两边和它们的夹角，求第三边和其他两个角

任务实施

【解】 在 $\triangle AOO_1$ 中

$$\angle AOO_1 = 180° - 120° = 60°$$

$$OO_1 = e，\quad AO_1 = R = \dfrac{D}{2}$$

由余弦定理，得

$$AO_1^2 = OA^2 + OO_1^2 - 2OA \cdot OO_1 \cos 60°$$

$$R^2 = OA^2 + e^2 - 2OA \cdot e \cos 60°$$

$$= OA^2 + e^2 - OA \cdot e$$

所以

$$OA^2 - OA \cdot e + (e^2 - R^2) = 0$$

则
$$OA = \frac{e \pm \sqrt{e^2 - 4(e^2 - R^2)}}{2}$$
$$= \frac{e \pm \sqrt{4R^2 - 3e^2}}{2}$$
$$= \frac{e \pm \sqrt{D^2 - 3e^2}}{2}$$

> **提示**：
> 一元二次方程 $ax^2 + bx + c = 0$ 的求根公式为
> $$x = \frac{-b \pm \sqrt{b^2 - 4ac}}{2a}$$

由于 $D > e$，所以
$$OA = \frac{e + \sqrt{D^2 - 3e^2}}{2}$$

于是
$$H = OB + OO_1 - O_1E$$
$$= OA + OO_1 - O_1A$$
$$= \frac{e + \sqrt{D^2 - 3e^2}}{2} + e - \frac{D}{2}$$
$$= 1.5e + 0.5\sqrt{D^2 - 3e^2} - 0.5D$$

当偏心距很小时，即 $D \gg e$ 时，$H \approx 1.5e$.

即垫块厚度 $H = 1.5e + 0.5\sqrt{D^2 - 3e^2} - 0.5D$.

专业链接

在三爪卡盘上装夹偏心零件时，由于卡爪与零件表面接触位置有偏差，加上垫块夹紧后的变形，用上面公式计算出来的 H 还不够精确，一般只适用于加工精度要求不高的零件．如果零件的加工精度要求较高，那么还需要加上一个修正系数，即
$$H_\text{实} = H + 1.4\Delta e$$

式中 $H_\text{实}$ ——实际垫片厚度，mm；

H ——计算所得垫块厚度，mm；

Δe ——车削后偏心距的误差，mm.

任务小结

将所求的线段和角度归结到同一个三角形中，如果已知两边和夹角或三边，一般用余弦定理求解．

【任务拓展与提升】

任务拓展

加工如图 1-31（a）所示的箱体孔时，先镗好如图 1-31（b）所示的 A、B 两孔，然后镗 C 孔，但必须计算出 BE 和 CE 两个尺寸（见图 1-32），以便根据这两个尺寸来调整工件的坐标位置，然后进行加工，试根据图 1-32 所示的尺寸求解.

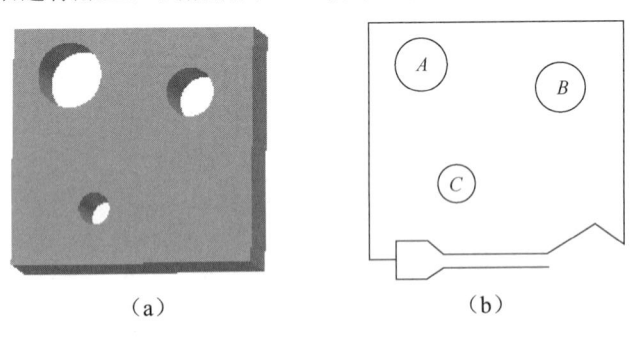

图 1-31

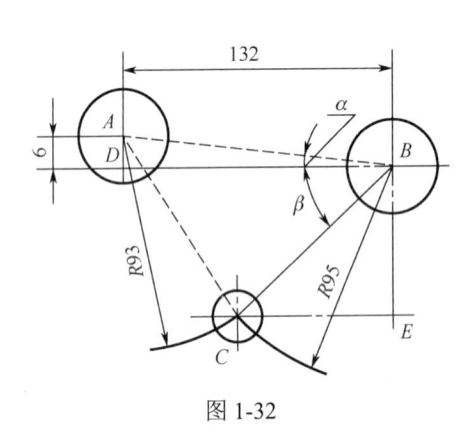

图 1-32

【解题思路】由图 1-32 可知，BC 已知，只要知道 ∠BCE，解 Rt△BCE 可计算出两直角边 BE 和 CE，∠BCE 与 ∠ABC 即 β 和 α 有关，所以就转换成解 △ABC 和 △ABD 的问题.

【解】由图 1-32 可知，在 Rt△ABD 中

$$AD = 6，BD = 132$$

所以
$$AB = \sqrt{AD^2 + BD^2} = \sqrt{6^2 + 132^2} \approx 132.136$$

$$\tan\alpha = \frac{AD}{BD} = \frac{6}{132} \approx 0.045$$

$$\alpha \approx 2°35'$$

在 △ABC 中

$$AC = 93，BC = 95，AB = 132.136$$

由余弦定理得

$$\cos\angle ABC = \frac{BC^2 + AB^2 - AC^2}{2AB \cdot BC}$$

$$= \frac{95^2 + 132.136^2 - 93^2}{2 \times 132.136 \times 95}$$

$$\approx 0.710$$

所以　　$\angle ABC \approx 44°46'$

则　　　$\beta = \angle ABC - \alpha$

　　　　$\beta = 44°46' - 2°35' = 42°11'$

在 Rt△BCE 中

　　　　$\angle BCE = \beta = 42°11'$

所以　　$CE = BC\cos 42°11' = 95 \times \cos 42°11' \approx 70.40$

　　　　$BE = BC\sin 42°11' = 95 \times \sin 42°11' \approx 63.79$

所以只要垂直移动 63.79 mm，水平移动 70.40 mm，即可加工 C 孔.

任务提升

1. 零件如图 1-33（a）所示，试根据图 1-33（b）所示尺寸求 R35 的圆心相对于点 A 的距离.

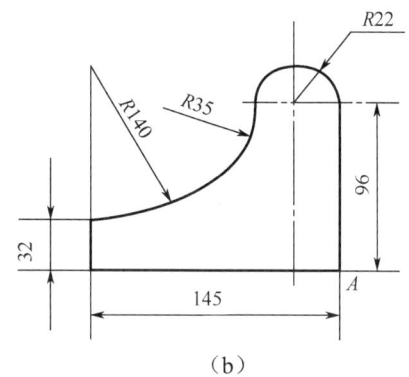

图 1-33

2. 加工如图 1-34 所示零件的 A、B、C 三孔，试根据图中的尺寸计算出 BD、BE、EC 的长度.

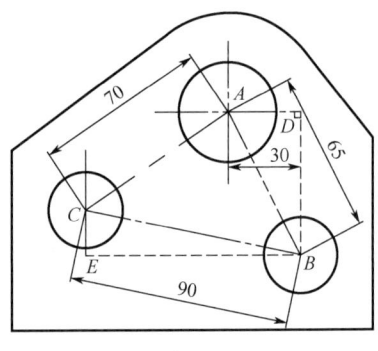

图 1-34

任务3　综合应用正弦定理、余弦定理求解零件尺寸

【任务解读与目标】

1. 对于一些特殊形状的零件，由于它们的形状较为复杂，在工艺计算中，难以构建直角三角形加以解决，正弦定理、余弦定理能充分发挥其重要作用，使问题迎刃而解．

2. 能看懂零件图，能根据图形特征构建三角形，运用正弦定理和余弦定理求解零件的尺寸．

【任务内容与结构】

任务内容

某腔形零件如图 1-35（a）所示，试根据图 1-35（b）所示尺寸，计算 $R5$ 和 $R11$ 的圆心相对于 $R85$ 的圆心的水平距离及垂直距离．

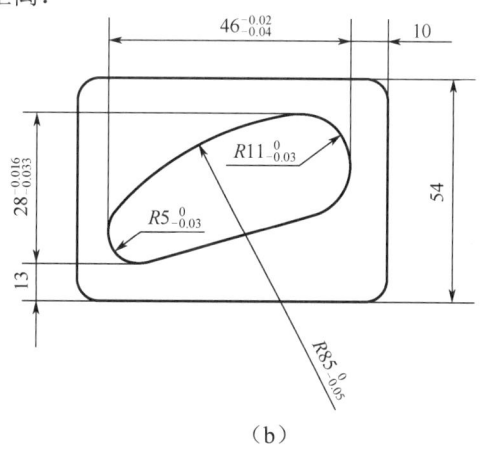

（a）　　　　　　　　（b）

图 1-35

任务分析

1. 根据图 1-35 所示零件图，构建如图 1-36 所示的计算图．其中点 O、O_1、O_2 分别是圆 $R85$、$R11$、$R5$ 的圆心，x_1、y_1 和 x_2、y_2 表示 $R11$ 和 $R5$ 圆心相对于 $R85$ 圆心的距离．

2. 利用两圆内切计算 OO_1，OO_2．

3. 在 $\triangle O_1O_2O$ 中运用余弦定理即可求出 $R11$、$R5$ 相对于 $R85$ 的圆心的水平距离和垂直距离．

知识链接

1. 两圆外切的条件（见表 1-6）.

表 1-6　两圆外切的条件

图　　形	两圆外切的条件
（图）	$O_1O_2 = r + R$ （圆心距为两圆半径之和）

2. 两圆内切的条件（见表 1-7）.

表 1-7　两圆内切的条件

图　　形	两圆内切的条件
（图）	$O_1O_2 = R - r$ （圆心距为大圆半径减小圆半径）

任务实施

【解】根据零件的几何形状和加工要求，可以作出如图 1-36 所示的计算关系图.

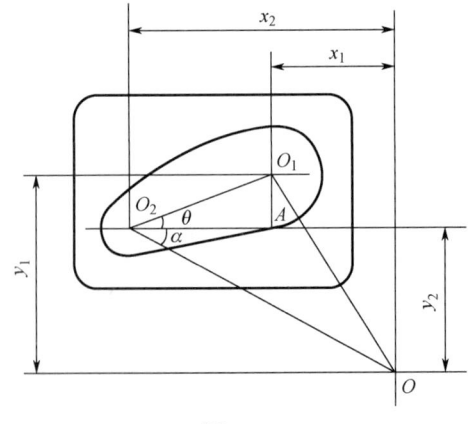

图 1-36

因为 $R11$ 和 $R5$ 分别是 $R85$ 的内切圆

所以 $\quad OO_1 = 85 - 11 = 74$

$\quad\quad OO_2 = 85 - 5 = 80$

$\quad\quad AO_2 = 46 - 11 - 5 = 30$

$\quad\quad AO_1 = 28 - 11 - 5 = 12$

在 $\text{Rt}\triangle O_1O_2A$ 中

$$O_2O_1 = \sqrt{O_1A^2 + O_2A^2} = \sqrt{12^2 + 30^2} \approx 32.31$$

$$\tan\theta = \frac{O_1A}{O_2A} = \frac{12}{30} = 0.4$$

所以 $\quad \theta \approx 21°48'$

在 $\triangle O_1O_2O$ 中，由余弦定理得

$$\cos(\alpha+\theta) = \frac{O_1O_2^2 + OO_2^2 - OO_1^2}{2O_1O_2 \times OO_2}$$

$$= \frac{32.31^2 + 80^2 - 74^2}{2 \times 32.31 \times 80} \approx 0.381$$

所以 $\quad \alpha + \theta \approx 67°36'$

于是 $\quad \alpha = 67°36' - \theta = 67°36' - 21°48' = 45°48'$

所以 $\quad x_2 = OO_2\cos\alpha = 80\cos 45°48' \approx 55.77$

$\quad\quad y_2 = OO_2\sin\alpha = 80\sin 45°48' \approx 57.35$

因为 $\quad x_1 = x_2 - O_2A$，$O_2A = 30$

所以 $\quad x_1 = 55.77 - 30 = 25.77$

因为 $\quad y_1 = y_2 + O_1A$，$O_1A = 12$

所以 $\quad y_1 = 57.35 + 12 = 69.35$

即得 $R5$、$R11$ 相对于 $R85$ 的圆心的水平距离和垂直距离分别为 55.77、57.35 和 25.77、69.35.

任务小结

把要求的线段归结到三角形中，在斜三角形中根据图中给定的条件分析应用正弦定理或余弦定理求解，当两个定理都可以应用时，一般选择用到的中间量较少、计算较方便的公式.

【任务拓展与提升】

任务拓展

某零件如图 1-37（a）所示，试根据图 1-37（b）所示尺寸求 x 和 y.

（a）　　　　　　　　　　　　（b）

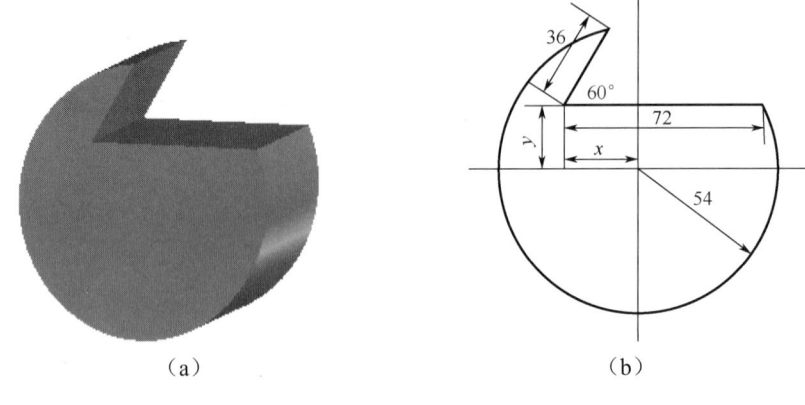

图 1-37

【解题思路】 作如图 1-38 所示的计算图，OC 已知，只要求出 $\angle OCE$，就可以得到 OE 与 CE，从而使题得解，而 $\angle OCE$ 可以转化到 $\triangle ABC$ 与 $\triangle AOC$ 中求得．

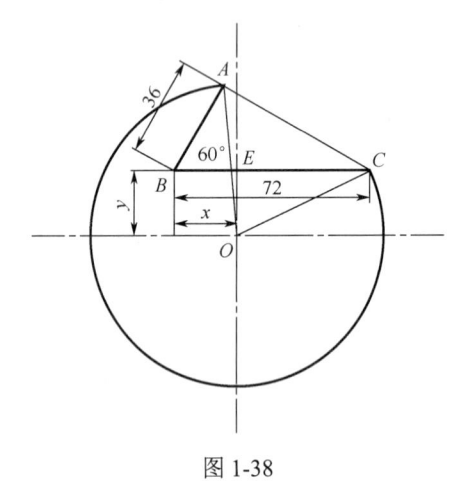

图 1-38

【解】 连接 AC、OA、OC

在 $\triangle ABC$ 中

$$AB = 36，\angle ABC = 60°，BC = 72$$

由余弦定理得

$$AC^2 = AB^2 + BC^2 - 2AB \cdot BC \cdot \cos \angle ABC$$
$$= 36^2 + 72^2 - 2 \times 36 \times 72 \times \cos 60°$$
$$= 3888$$

所以　　$AC = 36\sqrt{3}$

由余弦定理得

$$\cos \angle ACB = \frac{AC^2 + BC^2 - AB^2}{2AC \cdot BC}$$
$$= \frac{(36\sqrt{3})^2 + 72^2 - 36^2}{2 \times 36\sqrt{3} \times 72} = \frac{\sqrt{3}}{2}$$

提示：

也可以用正弦定理求得 $\angle ACB$，请同学们尝试一下．

所以 $\angle ACB = 30°$

在 $\triangle AOC$ 中

$$OA = OC = 54, \quad AC = 36\sqrt{3}$$

由余弦定理得

$$\cos \angle ACO = \frac{AC^2 + OC^2 - OA^2}{2AC \cdot OC}$$

$$= \frac{(36\sqrt{3})^2 + 54^2 - 54^2}{2 \times 36\sqrt{3} \times 54} \approx 0.5774$$

所以 $\angle ACO \approx 54°44'$

$$\angle BCO = \angle ACO - \angle ACB = 54°44' - 30° = 24°44'$$

在 Rt$\triangle COE$ 中

$$\sin \angle OCE = \frac{OE}{OC}$$

$$OE = OC \cdot \sin \angle OCE = 54 \times \sin 24°44' \approx 22.59$$

$$\cos \angle OCE = \frac{CE}{OC}$$

$$CE = OC \cdot \cos \angle OCE = 54 \times \cos 24°44' \approx 49.05$$

所以 $x = BC - CE = 72 - 49.05 = 22.95$

$y = OE = 22.59$

任务提升

1. 加工如图 1-39（a）所示的零件，试根据图 1-39（b）所示的尺寸，用三角函数法求出 $R60$ 的圆心相对于 $R65$ 圆心的水平、垂直距离．

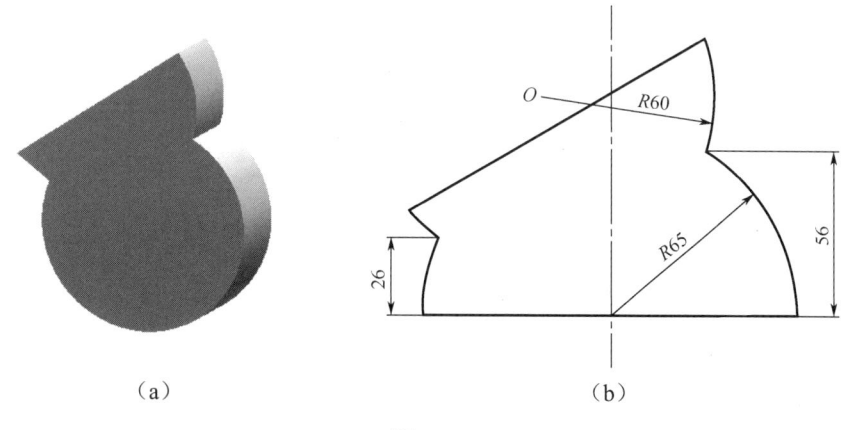

图 1-39

2. 变速箱上三个孔的距离如图 1-40（a）所示，在加工这些孔时，需要知道 B 孔和 A 孔的水平距离 x 和垂直距离 y，试求 x 和 y 值.

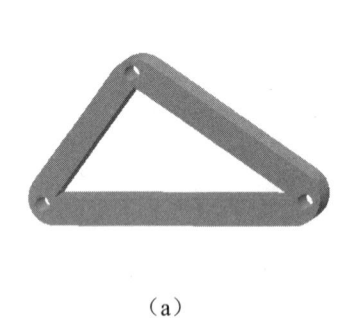

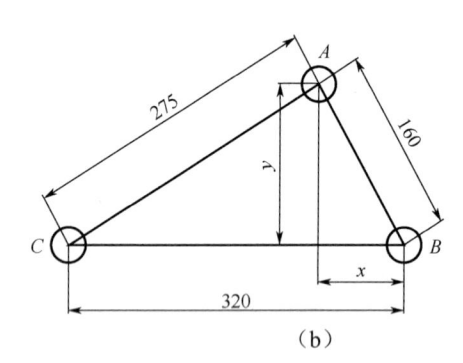

图 1-40

模块小结

　　零件的投影图都是由线段和圆弧组成的平面图形,这些图形上的角度和线段长度的计算,通常都可以化为求解三角形的边角关系问题,即三角函数的计算,解题步骤是:

　　1. 根据加工要求对零件图形进行工艺分析,明确所需计算的角度与长度;

　　2. 对零件图形进行几何分析,明确几何关系;

　　3. 作出一个或几个包含已知和未知的可解三角形的计算图,这是解决问题的关键. 一些简单图形的计算图比较容易得到,对一些较复杂的图形,需作一些辅助线才能得到计算图,作辅助线时,除了要重视特殊点(交点、切点、圆心等),还应注意平面几何的一些基本知识,如平移、平行、垂直、相切等.

模块二
平面解析几何的应用

利用三角函数关系对零件尺寸进行分析与计算,具有分析直观、计算简便等优点,但有时却需要添加若干条辅助线,并且需要分析数个三角形之间的关系. 而应用平面解析几何计算则可省掉一些复杂三角关系的分析,用简单的数学方程即可准确地描述零件轮廓的几何图形,减少了较多层次的中间运算,使计算误差大大减小. 尤其是在数控机床的手工编程中,应用平面解析几何计算更是较普遍的计算方法之一.

项目一

坐标法的应用

在专业实习和生产实践中，一些有关测量、检验的尺寸及点（圆心、切点、交点）的坐标，并不在零件图中标注，而在实际加工时必须知道，这时可用平面解析几何法进行计算。在机械加工中，零件图样所标注的尺寸、公差都有相应的基准，即设计基准。图样上的基准从数学的角度分析就是坐标系。但在实际加工中，由于加工和检验的需要必须进行两个基准之间的换算，即坐标变换的计算，才能得到加工中实际所需的尺寸。

任务1 写出零件的二维坐标

【任务解读与目标】

1. 读懂零件图，弄清各尺寸的含义。
2. 标注出各节点与基点。
3. 建立恰当的直角坐标系。
4. 分析尺寸与节点、基点坐标的关系，进行相关尺寸的转换。
5. 写出节点与基点坐标。

【任务内容与结构】

任务内容

加工如图 2-1（a）所示的零件，试根据图 2-1（b）所示的尺寸，写出零件编程中的节点与基点的坐标。

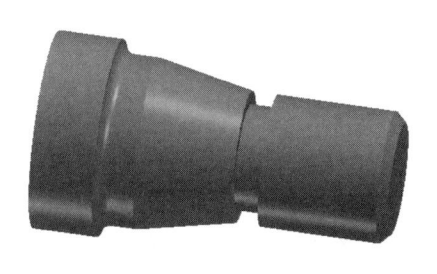

（a）　　　　　　　　　　　（b）

图 2-1

知识链接

1. **基点**：构成零件轮廓的不同几何要素的交点、切点或者各几何元素间的连接点称为基点，如两直线间的交点，直线与圆弧或圆弧与圆弧的交点与切点，圆弧与二次曲线的交点与切点等．

2. **节点**：当采用不具备非圆曲线插补功能的数控机床加工非圆曲线轮廓线的零件时，加工程序的编制工作常常需要用直线或圆弧去近似代替非圆弧，称为拟合处理．拟合线中的交点或切点称为节点．也可以说在满足允许的编程误差的条件下进行分割，即用若干条直线或圆弧逼近给定的曲线，逼近线段的交点或切点称为节点．

3. **参数点**：除基点、交点外，在数控加工过程中还有一些点的坐标值是编程不可缺少的，这些点称为参数点．例如，轮廓的粗加工、半精加工所涉及的点，螺纹加工中的大径、中径、小径等的起刀点、退刀点、换刀点、圆心点，以及坐标系的参考点，这些参数点由辅助计算完成．

任务分析

该零件各个部分都是圆柱体或圆台，外轮廓线均为圆弧，是轴对称图形，在轴截面图上，相邻部分的交点均为基点．坐标系的建立以轴线为坐标轴，坐标原点设在零件右端面与轴线的交点处，把标注的尺寸进行变换就可得到基点坐标．

任务实施

【解】建立如图 2-2 所示的直角坐标系，原点设在零件上右端面与轴线的交点处，尺寸链不需要变换．

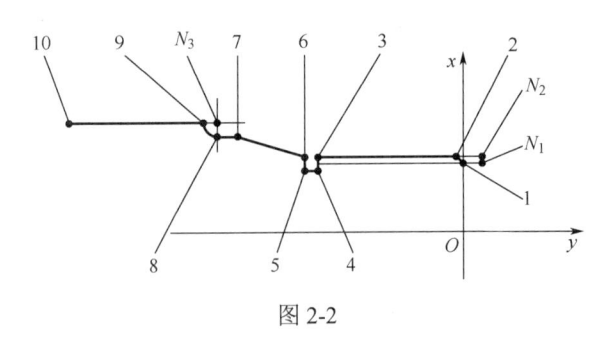

图 2-2

数值变换：带公差尺寸变换如下

$$\phi 30_{-0.04}^{0} \to 29.98 , \quad \phi 26_{-0.04}^{0} \to 25.98$$

基点与参数点的坐标如表 2-1 所示．

表 2-1 基点与参数点的坐标

坐标	点						
	1	2	3	4	5	6	7
x	8.5	10	10	8	8	10	12.99
y	0	−1.5	−20	−20	−24	−24	−34

坐标	点					
	8	9	10	N_1（螺纹小径起刀点）	N_2（螺纹大径起刀点）	N_3（圆心）
x	12.99	14.99	14.99	9.1	9.92	15
y	−37	−39	−55	5	5	−37

任务小结

各种零件的轮廓尽管复杂多样，但都是由许多不同的、简单的几何元素组成的．如直线、圆弧、二次曲线及列表点曲线等．一般数控机床实际上只具有直线、圆弧的插补运动功能，形成简单几何轮廓轨迹，若将简单运动轨迹组合，就可以形成复杂多样的轮廓轨迹运动．从运动的角度讲，基点就是运动轨迹几何性质改变的转换点．所以，基点坐标在数控编程中影响着零件的加工形状与尺寸大小．

【任务拓展与提升】

任务拓展

加工如图 2-3（a）所示的零件，试根据图 2-3（b）所示写出基点坐标．

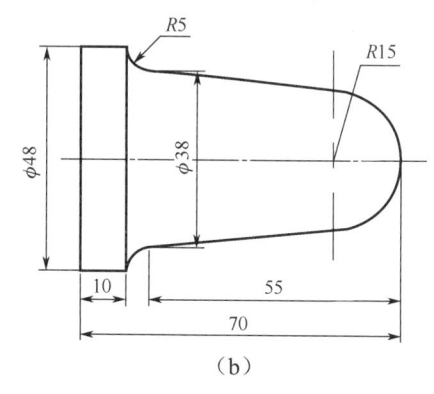

（a）　　　（b）

图 2-3

【解题分析】零件轮廓线由半圆弧、直线、小圆弧、直线组成，基点有四个．以轴线为 y 轴，以半圆弧的顶点为原点建立坐标系．

【解】建立如图 2-4 所示的直角坐标系，在图中标出基点.

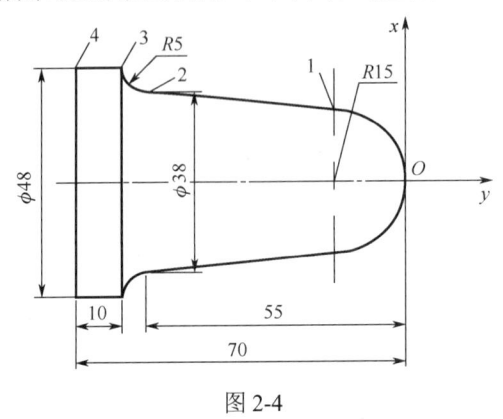

图 2-4

基点坐标如表 2-2 所示.

表 2-2 基点坐标

坐标	点			
	1	2	3	4
x	15	19	24	24
y	−15	−55	−60	−70

任务提升

加工如图 2-5 所示的零件，写出零件的基点坐标.

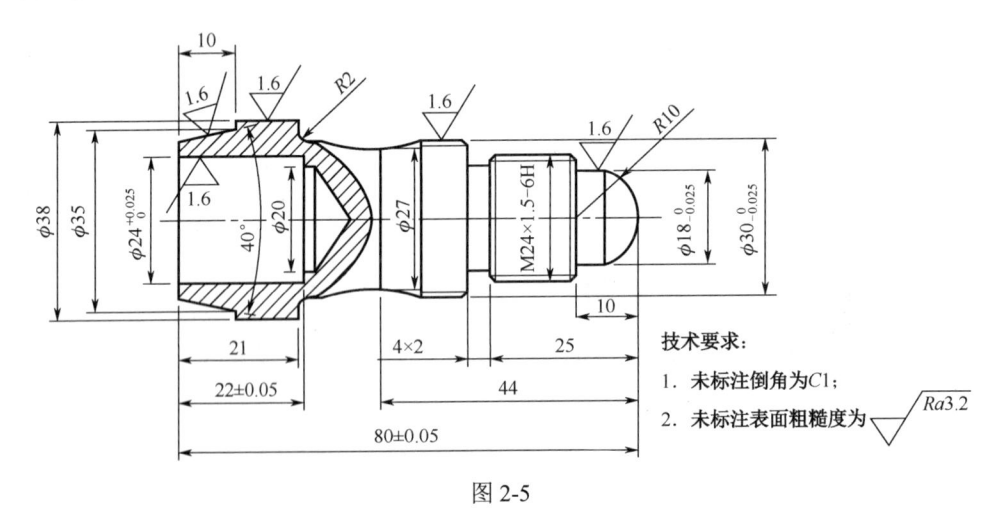

图 2-5

任务2　求零件的加工坐标

【任务解读与目标】

1. 能看懂图样并加以分析.
2. 会根据图样合理选择坐标系.
3. 会用数学方法推导坐标轴旋转公式.
4. 按已知和待求参数及旋转方向，应用相关公式进行计算.

【任务内容与结构】

任务内容

如图 2-6（a）所示的工件，需要磨削出与定位基准 B 面倾斜成 $60°±5'$ 角的斜面，如图 2-6（b）所示．夹具定位部分和对刀部分的结构如图 2-7 所示，由于加工表面的位置尺寸 $120±0.02$ 标注在两平面积聚线的交点上，因此在夹具的对刀面上就不能直接标注这个尺寸，需要通过一个辅助测量基准——检验孔 D 才能标注它的位置．假设此检验孔距定位基准表面 A、B 的距离分别是 $40±0.02$ 和 $20±0.02$，并选定对刀塞片的厚度为 0.5mm，试求图示尺寸 $\Delta y'$.

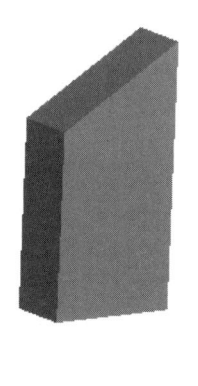

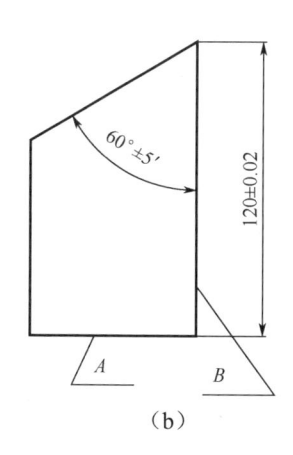

（a）　　　　　　（b）

图 2-6

（a）

（b）

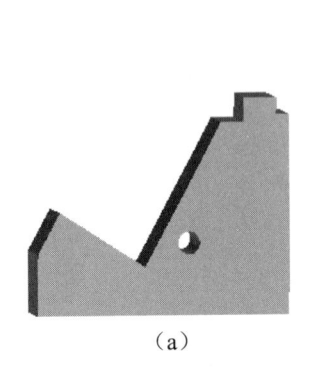

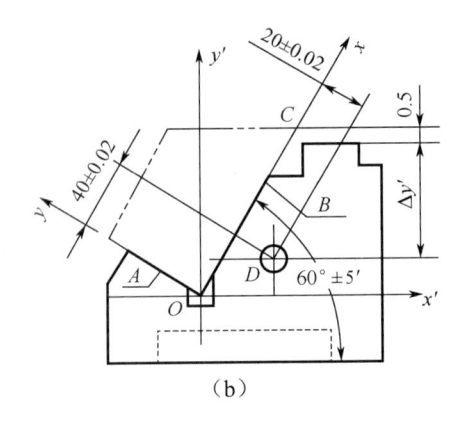

图 2-7

知识链接

坐标轴旋转：如图 2-8 所示，直角坐标系 xOy（称之为旧坐标系）的原点为 $O(0, 0)$，把旧坐标轴绕着原点按同一方向旋转同一角度 θ，得到新坐标系 $x'Oy'$，且各坐标轴的长度单位不变．这种坐标系的变换，叫作坐标轴旋转．

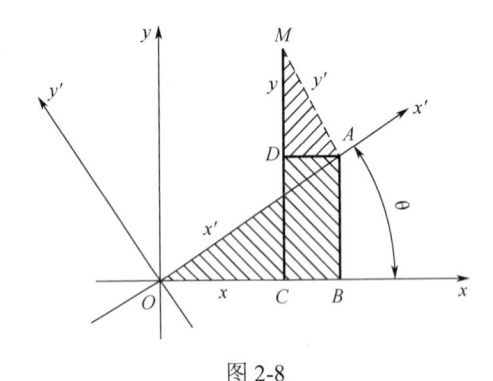

图 2-8

设 M 是平面上任意一点，它在旧坐标系中的坐标为 (x, y)，在新坐标系中的坐标为 (x', y')．从图 2-8 中可以看出，坐标系 xOy 逆时针旋转（简称逆转）角度 θ，得到新坐标系 $x'Oy'$，点 M 的新旧坐标系之间有如下关系

$$x = OC = OB - CB = OB - DA = x'\cos\theta - y'\sin\theta$$
$$y = CM = CD + DM = BA + DM = x'\sin\theta + y'\cos\theta$$

即由 x', y' 求 x, y 的公式是

$$\begin{cases} x = x'\cos\theta - y'\sin\theta \\ y = x'\sin\theta + y'\cos\theta \end{cases} \quad (1)$$

反过来，由 x, y 求 x', y'，只要解上面两式所组成的方程组，就可得

$$\begin{cases} x' = x\cos\theta + y\sin\theta \\ y' = y\cos\theta - x\sin\theta \end{cases} \quad (2)$$

模块二 平面解析几何的应用

若坐标系 xOy 顺时针旋转（简称顺转）角度 θ，得到新坐标系 $x'Oy'$，如图 2-9 所示，相当于逆转 $-\theta$，则将 $-\theta$ 代入基本计算式（1）（2）中，得到坐标轴顺转时，由 x', y' 求 x, y 的公式是

$$\begin{cases} x = x'\cos\theta + y'\sin\theta \\ y = -x'\sin\theta + y'\cos\theta \end{cases} \tag{3}$$

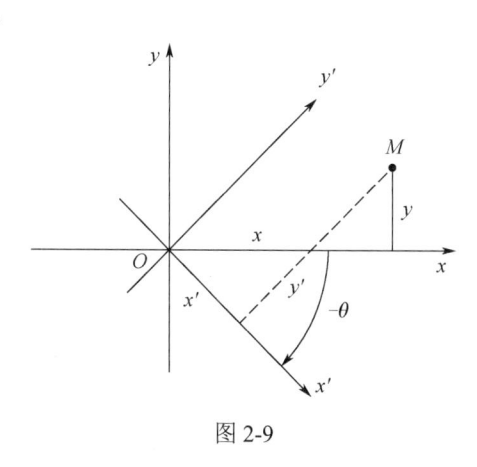

图 2-9

由 x, y 求 x', y' 的公式是

$$\begin{cases} x' = x\cos\theta - y\sin\theta \\ y' = y\cos\theta + x\sin\theta \end{cases} \tag{4}$$

在坐标轴顺转或逆转公式中，θ 角可以是 0° 到 180° 之间的任意角.

任务分析

设以夹具上相互垂直的两个定位表面 A、B 作原坐标系 xOy 的坐标轴，其坐标轴旋转计算简图如图 2-10 所示．当原坐标轴顺转 60° 角以后，便形成了新坐标系 $x'Oy'$．这里有 C, D 两个点需要进行坐标变换计算．

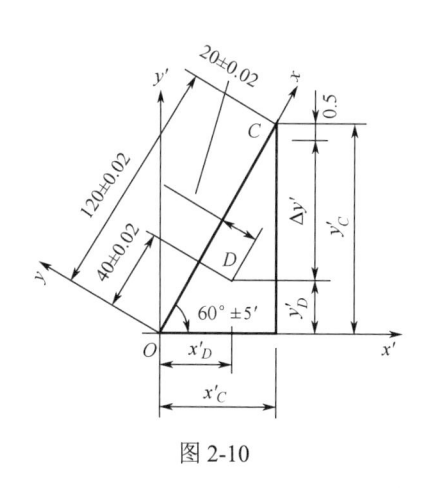

图 2-10

任务实施

【解】 对于工件斜面的交点 C：已知 $x_C = 120$，$y_C = 0$，则
$$y'_C = y_C \cos\theta + x_C \sin\theta$$
$$= 0 \times \cos 60° + 120 \times \sin 60°$$
$$\approx 103.92$$

对于检验孔 D 的孔心坐标：$x_D = 40$，$y_D = -20$
$$y'_D = y_D \cos\theta + x_D \sin\theta$$
$$= -20 \times \cos 60° + 40 \times \sin 60°$$
$$\approx 24.64$$

根据图 2-10 可知
$$\Delta y' = y'_C - y'_D - 0.5$$
$$= 103.92 - 24.64 - 0.5$$
$$= 78.78$$

任务小结

在工艺计算中，点的坐标轴旋转公式的应用很广泛．在平面上，凡尺寸关系可以看作两点间的坐标旋转关系的，不论在主视图、俯视图还是左视图中，都可以应用点的坐标轴旋转公式．其一般步骤是：

1．分析图样，确定设计或工艺上需要计算的尺寸，明确已知条件和要解决的问题；

2．选择坐标原点，并确定要计算的坐标点，这是确定坐标系位置的关键，为使计算方便，坐标原点应取在已知与待求尺寸有关联和便于测量的点上；

3．根据两组尺寸线的方向，过坐标原点构成两个直角坐标系 xOy、$x'Oy'$，新、旧坐标系的名称可以任意选定，通常取工件旋转后的状态来进行分析与计算；

4．根据两坐标系选定的名称确定转角方向（逆转与顺转），并按图样上给定的角度来确定转角的大小；

5．按已知与待求参数和旋转方向，应用相关公式进行计算．

【任务拓展与提升】

任务拓展

某工件如图 2-11 所示，在磨好各面即保证了角度 44°±1′ 后，在坐标镗床上加工定位孔 $\phi20$ 和 $\phi22$．镗孔时工件以②面支承，平放在万向转台的圆盘上，用千分表找正①面，使它与机床的 x 轴方向（图中水平方向）平行，这是为了找正镗床主轴轴线，使其与圆盘中心轴线重合．再按坐标值 x_1 与 y_1 移动机床工作台，使主轴到达待加工孔 $\phi20$ 的中心位置，即可

加工$\phi 20$孔．试求加工时需计算的$\phi 20$孔中心对圆盘中心的坐标值x_1与y_1．

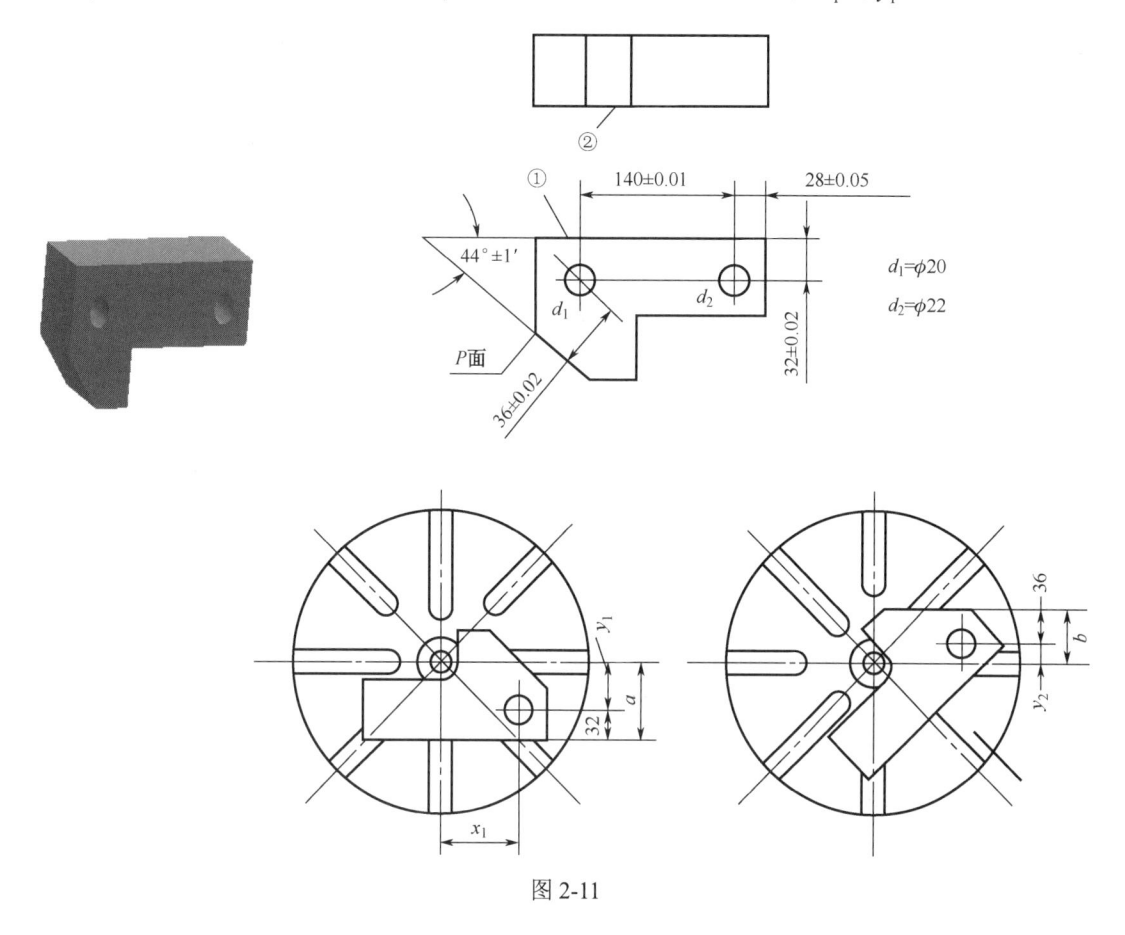

图 2-11

【解题思路】由图 2-11 所示可知，$\phi 20$孔的位置是由尺寸36 ± 0.02和32 ± 0.02所确定的，因此需要根据这两个尺寸来计算镗$\phi 20$孔时所需的坐标值x_1与y_1，其计算过程如下．

在工件装夹找正后，测量出尺寸a,b．测量方法是在找正工件①面与机床x轴方向平行时，测量出①面至圆盘中心的尺寸$a=50$，然后将圆盘逆时针旋转$44°$，此时P面与机床x轴方向平行，测量出P面至圆盘中心尺寸$b=46$，从尺寸关系可以换算出孔$\phi 20$中心对圆盘中心的两个坐标值y_1与y_2．

$$y_1 = -|a-32| = -|50-32| = -18$$
$$y_2 = |b-36| = |46-36| = 10$$

【解】通过以上分析，以圆盘中心为原点，建立坐标系，如图 2-12 所示．

其中x_1Oy_1是相对于x_2Oy_2逆转$44°$而成的，这样问题就归结成已知$y_1 = -18$，$y_2 = 10$和$\theta = 44°$，求x_1．

根据坐标变换公式（2）得
$$y_2 = x_1 \sin\theta + y_1 \cos\theta$$

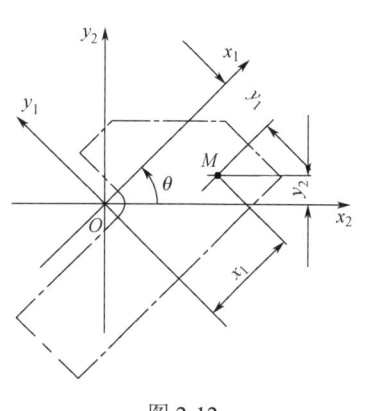

图 2-12

则 $\quad x_1 = \dfrac{y_2}{\sin\theta} - \dfrac{y_1\cos\theta}{\sin\theta}$

$\quad\quad\quad = \dfrac{y_2}{\sin\theta} - y_1\cot\theta$

$\quad\quad\quad = \dfrac{10}{\sin 44°} - (-18)\cot 44°$

$\quad\quad\quad \approx 33.04$

任务提升

如图 2-13（a）所示的工件，要磨削斜面 MN，如图 2-13（b）所示，在正弦规没有抬起之前，先测得工件表面 M 点至正弦规轴心的垂直距离 $y=116.52$ mm，并预先定好零件上 M 点至轴心 O 的水平方向的距离 $x=46$ mm，加工时将正弦规逆转 40° 角，如图 2-14 所示，试求此时的坐标尺寸 b 的值.

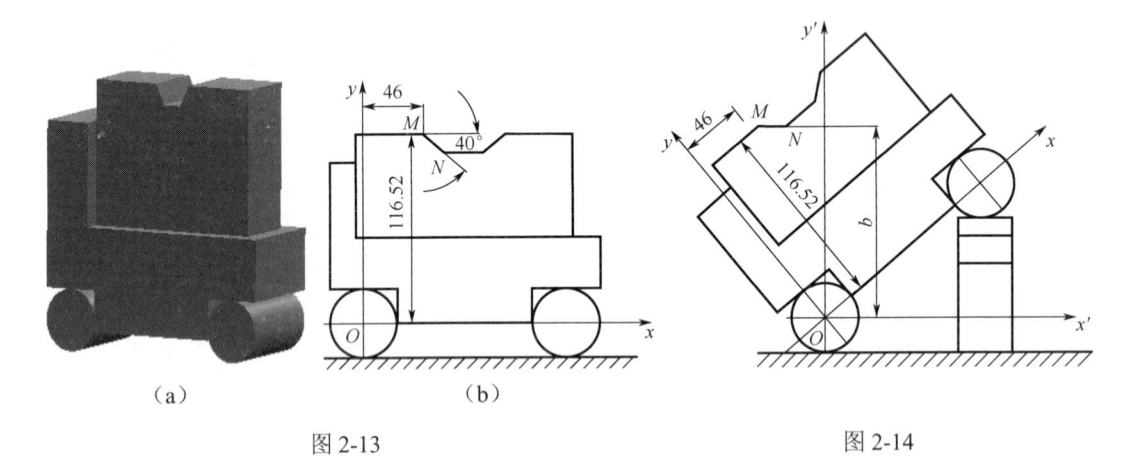

图 2-13

图 2-14

任务3　求零件中的孔间距

【任务解读与目标】

1. 分析零件图，明确几何关系.
2. 建立适当的直角坐标系.
3. 由图示条件确定已知点的坐标或建立直线的方程.
4. 用距离公式或解方程组的方法求得所需尺寸或点的坐标.

【任务内容与结构】

任务内容

某零件如图 2-15（a）所示，试根据图 2-15（b）所示尺寸，求 C 孔与 D 孔的中心距.

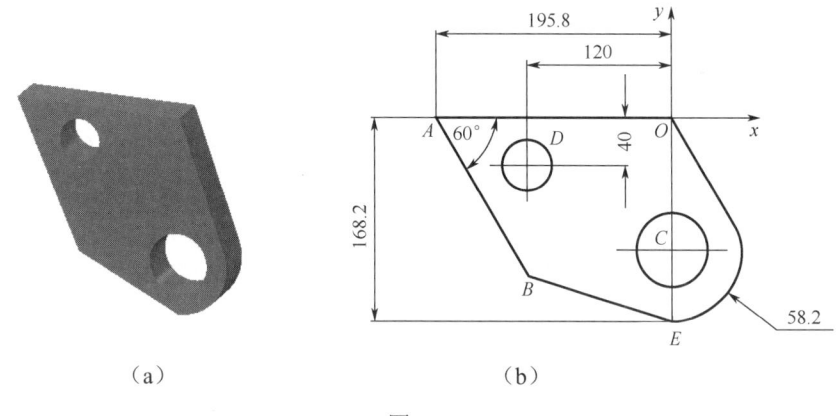

（a）　　　（b）

图 2-15

任务分析

从图中可看出，点 A、C、D 的坐标已知，利用两点间的距离公式，即可得解.

知识链接

1. 两点间的距离公式.
已知 $P_1(x_1, y_1)$、$P_2(x_2, y_2)$，则

$$d = |P_1P_2| = \sqrt{(x_2-x_1)^2 + (y_2-y_1)^2}$$

2．两点的中点公式．

已知 $P_1(x_1, y_1)$、$P_2(x_2, y_2)$，$P_0(x_0, y_0)$ 为线段 P_1P_2 的中点，则

$$x_0 = \frac{x_1 + x_2}{2}, \quad y_0 = \frac{y_1 + y_2}{2}$$

任务实施

【解】因为　　　　　　$|OC| = 168.2 - 58.2 = 110$

所以由图可知　　$A(-195.8, 0)$，$C(0, -110)$，$D(-120, -40)$

则 C 孔与 D 孔的中心距为

$$|CD| = \sqrt{(-120-0)^2 + (-40+110)^2} \approx 138.92$$

任务小结

在实际加工零件的过程中，求零件中的孔间距的关键是：建立恰当的坐标系，以简便写出孔中心的坐标，使运算得以简化．坐标轴的位置一般选在零件的直角边线上，与标注的尺寸成平行或垂直位置，这样能减少孔中心坐标的计算．

【任务拓展与提升】

任务拓展

某零件如图 2-16（a）所示，要在 AB 两孔的中心连线上钻一个 D 孔，且使 $DA = DB$，试根据图 2-16（b）所示尺寸，求 D 孔的坐标及 C，D 的距离．

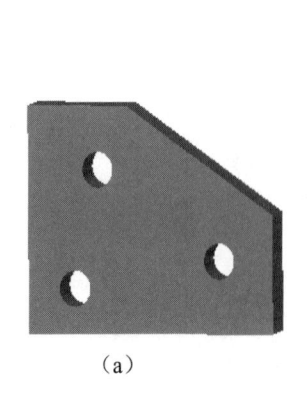

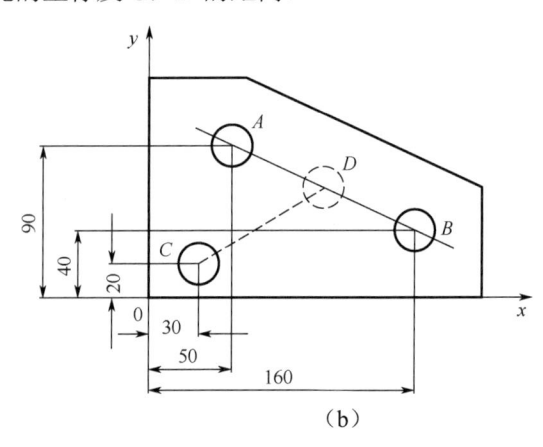

图 2-16

【解】 建立如图 2-16 所示的直角坐标系

因为 $A(50, 90)$，$B(160, 40)$

根据中点公式得 $D(105, 65)$

因为 $C(30, 20)$

则 C 孔与 D 孔的中心距为

$$|CD| = \sqrt{(30-105)^2 + (20-65)^2} \approx 87.46$$

任务提升

1．如图 2-17（a）所示的零件，请根据图 2-17（b）所示的尺寸，选择适当的坐标系，计算出每两个孔中心的距离．

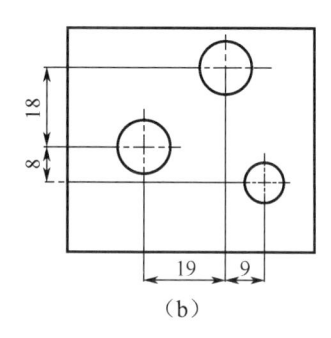

（a） （b）

图 2-17

2. 数控的点位控制是指控制刀具从一个点位移到另一个点的定位，这就是两点间的距离. 如加工图 2-18（a）所示的零件，试根据图 2-18（b）所示的数据计算两孔之间的中心距离.（A，B，C 分别是三个孔的中心点）

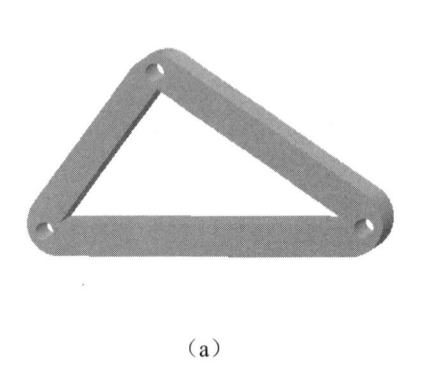

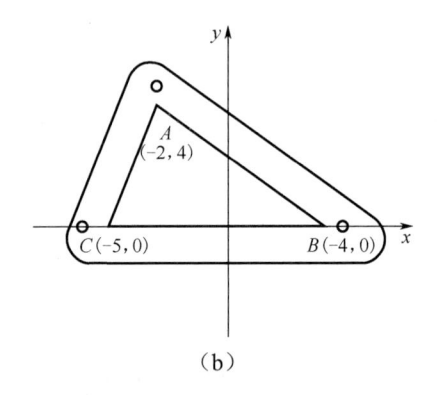

（a） （b）

图 2-18

模块二　平面解析几何的应用

项目二

直线方程的应用

在专业实习和生产实践中，一些有关测量、检验的尺寸及点（圆心、切点、交点）的坐标，并不在零件图中标注，而在实际加工时必须知道，这时可用平面解析几何法进行计算.

任务1　求零件中孔心到边线的距离

【任务解读与目标】

1. 观察零件图，读懂实体图与零件图，明确几何关系.
2. 观察零件加工图，弄清图中标注尺寸所表达的含义.
3. 分析清楚任务中所求的量在零件加工图中表示的具体含义.
4. 仔细分析图中的数量关系，确定已知点的坐标、直线方程，利用点到直线之间的距离公式求得距离.

【任务内容与结构】

任务内容

某零件如图2-19（a）所示，试根据图2-19（b）所示尺寸，求C孔到直线AB的距离.

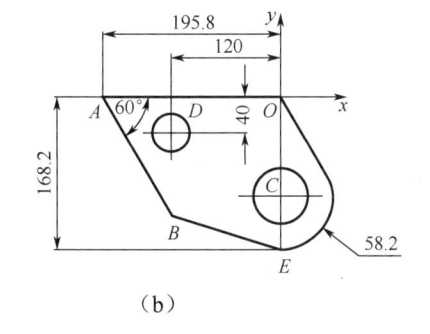

（a）　　　　　　（b）

图2-19

任务分析

从图中可看出，解题的关键是建立直线 AB 的方程．根据已知条件，直线 AB 的方程可利用直线方程的点斜式求得．

知识链接

1．直线向上的方向与 x 轴所成的最小正角称为直线的倾斜角，与 y 轴垂直的直线的倾斜角为 $0°$．

2．直线过 $A(x_1, y_1)$，$B(x_2, y_2)$ 两点，则该直线的斜率为 $k = \dfrac{y_2 - y_1}{x_2 - x_1}$．

3．过点 (x_0, y_0)，斜率为 k 的直线方程为 $y - y_0 = k(x - x_0)$．

4．点 $P_0(x_0, y_0)$ 到直线 l：$Ax + By + C = 0$ 距离公式为 $d = \dfrac{|Ax_0 + By_0 + C|}{\sqrt{A^2 + B^2}}$．

任务实施

【解】因为 $\alpha_{AB} = 180° - 60° = 120°$

所以 $k_{AB} = \tan 120° \approx -1.732$

因此直线 AB 的点斜式方程为
$$y = -1.732(x + 195.8)$$

整理得 $1.732x + y + 339.1256 = 0$

所以 C 孔到直线 AB 的距离为
$$d = \dfrac{|1.732 \times 0 - 110 + 339.1256|}{\sqrt{1.732^2 + 1^2}} \approx 114.57$$

即 C 孔到直线 AB 的距离约为 114.57．

任务小结

在实际加工零件的过程中，求零件中孔心到边线的距离的基本思路是：
1．分析零件图，明确几何关系；
2．建立适当的直角坐标系；
3．由图示条件确定已知点的坐标，求出边线所在的直线方程；
4．用点到直线的距离公式求得孔心到边线的距离．

【任务拓展与提升】

任务拓展

如图 2-20（a）所示为拖拉机支承零件，试根据图 2-20（b）所示尺寸计算孔心 O 到 AB 边的距离 OC.

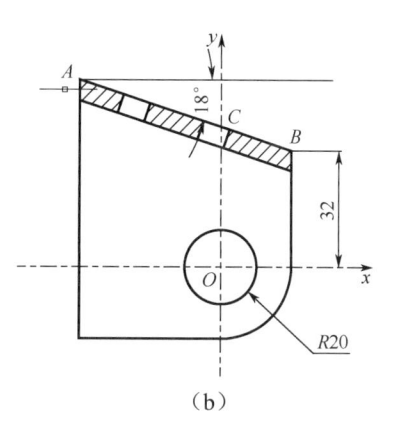

图 2-20

【解】建立如图 2-20（b）所示的直角坐标系

由图得　$B(20, 32)$

因为直线 AB 的倾斜角是 $162°$

所以　　$k_{AB} = \tan 162° \approx -0.32$

所以直线 AB 的方程是

$$y - 32 = \tan 162°(x - 20)$$

整理得　$0.32x + y - 38.4 = 0$

所以孔 O 到 AB 边的距离为

$$d = \frac{|0.32 \times 0 + 0 - 38.4|}{\sqrt{0.32^2 + 1^2}} \approx 36.57$$

任务提升

某零件如图 2-21（a）所示，试根据图 2-21（b）所示尺寸，求该零件的检验尺寸 AD（提示：$AD \perp BC$）.

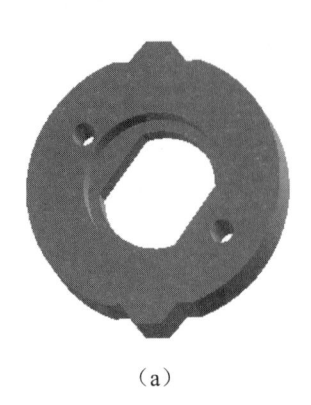

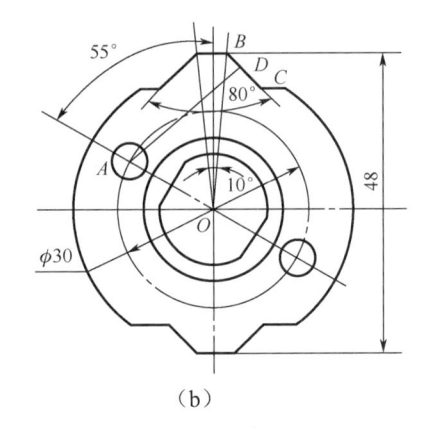

图 2-21

任务2　求零件中两直线相交成的基点坐标

【任务解读与目标】

1. 观察零件图，读懂实体图与零件图，明确几何关系．
2. 观察零件加工图，弄清图中标注尺寸所表达的含义．
3. 分析清楚任务中所求的量在零件加工图中表示的具体含义．
4. 仔细分析图中的数量关系，建立直线方程组求得所需点的坐标．

【任务内容与结构】

任务内容

在数控机床上加工如图 2-22（a）所示零件，已知编程用的轮廓尺寸如图 2-22（b）所示，试求基点 B 的坐标．

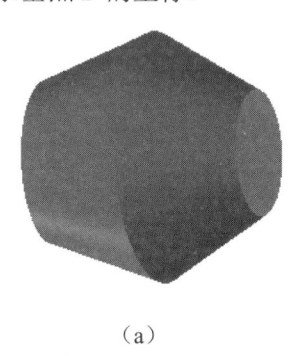

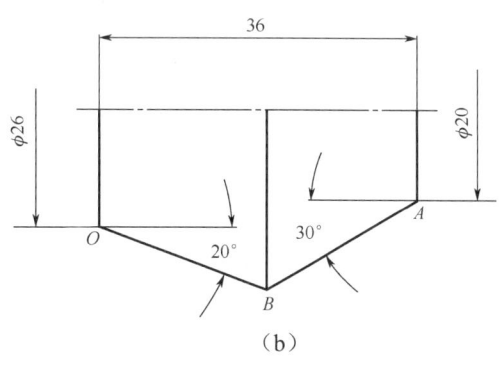

（a）　　　　（b）

图 2-22

任务分析

1. 直线 AB 和 OB 的交点就是基点 B．
2. 构建直角坐标系：以加工中编程时建立的坐标系为依据．
3. 根据题意，求出直线 AB 和 OB 的方程．
4. 把两个方程组成方程组求解，得点 B 的坐标．

知识链接

1. 基点：指构成零件轮廓的不同几何要素的交点、切点或各几何元素间的连接点称为基点．如两直线的交点，直线与圆弧或圆弧与圆弧的交点或切点，圆弧与二次曲线的交点与切点等.显然,相邻基点间只能是一个几何元素.

2．直线方程的求法（见表 2-3）.

表 2-3 直线方程的四种形式

名 称	已 知 条 件	方 程
点斜式	直线上一点 $P_0(x_0, y_0)$ 和斜率 k	$y - y_0 = k(x - x_0)$
斜截式	斜率 k 和纵截距 b	$y = kx + b$
两点式	直线上两点 $P_1(x_1, y_1)$ 和 $P_2(x_2, y_2)$	$\dfrac{y - y_1}{y_2 - y_1} = \dfrac{x - x_1}{x_2 - x_1}$（$x_2 \neq x_1$，$y_2 \neq y_1$）
一般式	其他条件	$Ax + By + C = 0$（A，B 不同时为零）

任务实施

【解】建立如图 2-23 所示的直角坐标系

因为 $\alpha_{l_1} = 180° - 20° = 160°$

所以 $k_{l_1} = \tan 160° \approx -0.364$

因为 OB 过原点 $O(0, 0)$

所以利用直线点斜式方程得 l_1 方程为

$$y = -0.364x$$

因为 $\alpha_{l_2} = 30°$

所以 $k_{l_2} = \tan 30° \approx 0.577$

因为 AB 过点 $A(36, 3)$

由点斜式得 l_2 的方程为

$$y - 3 = 0.577(x - 36)$$

解方程组 $\begin{cases} y = -0.364x \\ y - 3 = 0.577(x - 36) \end{cases}$

得 $\begin{cases} x = 18.89 \\ y = -6.88 \end{cases}$

即基点 B 的坐标为 $(18.89, -6.88)$.

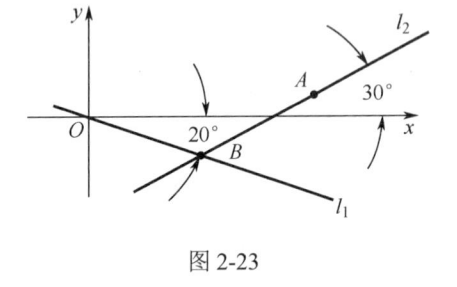

图 2-23

任务小结

在实际加工零件的过程中,求零件中两直线相交成的基点坐标的基本思路是：

1．分析零件图,明确几何关系；
2．建立适当的直角坐标系；
3．由图示条件确定已知点的坐标,求出已知两直线的方程；
4．用解方程组的方法求得所需基点的坐标.

【任务拓展与提升】

任务拓展

在数控机床上加工如图 2-24（a）所示零件，已知编程用轮廓尺寸如图 2-24（b）所示，试求其基点 B，C 及圆心 D 的坐标.

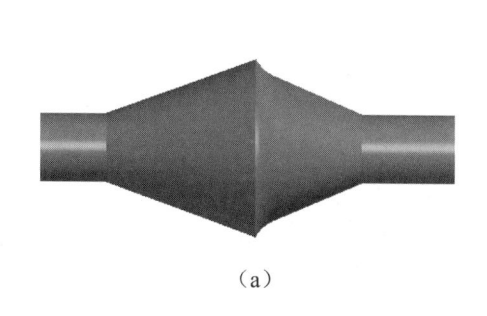

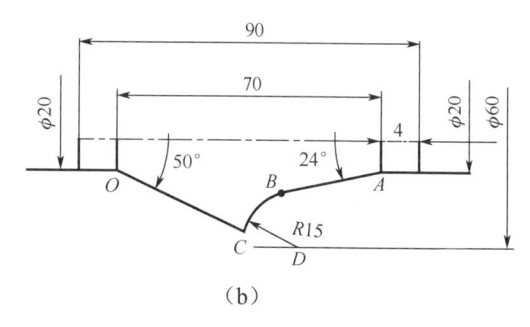

图 2-24

【解题思路】关键是建立 $R15$ 圆弧所在圆的方程，也就是要先计算出 $R15$ 圆弧所在圆的圆心坐标．采取求两条直线交点的方法，确立两条过点 D 的直线．建立直角坐标系，如图 2-25 所示，添加两条辅助线：距已知直线 l_1 15mm 处作其平行线 l_2，距 x 轴 20mm 处作其平行线 l_3，则 l_2 和 l_3 的交点为 $R15$ 圆弧所在圆的圆心.

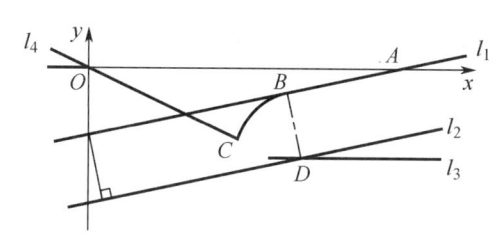

图 2-25

【解】以左侧圆柱与左侧圆锥交点为原点建立直角坐标系，如图 2-25 所示.

因为 $\quad \alpha_{l_1} = \dfrac{24°}{2} = 12°$

则 $\quad k_{l_1} = \tan 12° \approx 0.213$

因为 $\quad b_{l_1} = -70 \times \tan 12° \approx -14.879$

所以直线 l_1 的斜截式方程为

$$y = 0.213x - 14.879$$

因为直线 l_4 过 $O(0, 0)$

$$\alpha_{l_4} = 180° - \dfrac{50°}{2} = 155°$$

则 $\quad k_{l_4} = \tan 155° \approx -0.466$

所以直线 l_4 的方程为
$$y = -0.466x$$

因为建立直线 l_2 的斜截式方程所需截距为
$$b_{l_2} = -\frac{15}{\cos 12°} - 14.879 \approx -30.214$$

而 $\quad k_{l_1} = k_{l_2}$

所以直线 l_2 的斜截式方程为
$$y = 0.213x - 30.214$$

因为直线 l_3 的方程是
$$y = -20$$

所以解方程组
$$\begin{cases} y = 0.213x - 30.214 \\ y = -20 \end{cases}$$

得 $\begin{cases} x = 47.95 \\ y = -20 \end{cases}$

即圆心 D 的坐标是 $(47.95, -20)$

所以圆的方程是
$$(x - 47.95)^2 + (y + 20)^2 = 15^2$$

因为 $\quad BD \perp l_2$

所以 $\quad k_{BD} = -\dfrac{1}{k_{l_2}} \approx -4.695$

直线 BD 的方程为
$$y + 20 = -4.695(x - 47.95)$$

整理得
$$y = -4.695x + 205.125$$

解方程组
$$\begin{cases} (x - 47.95)^2 + (y + 20)^2 = 15^2 \\ y = -0.466x \end{cases}$$

得 $\begin{cases} x = 33.59 \\ y = -15.66 \end{cases}$

即点 C 的坐标为 $(33.59, -15.66)$

解方程组
$$\begin{cases} y = 0.213x - 14.879 \\ y = -4.695x + 205.125 \end{cases}$$

得 $\begin{cases} x = 44.83 \\ y = -5.33 \end{cases}$

即点 B 的坐标为 $(44.83, -5.33)$.

任务提升

如图 2-26 所示，铣削一个边长为 9 的正六边形工件，试计算各基点的坐标.

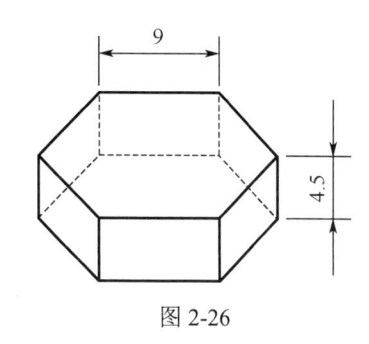

图 2-26

项目三

二次曲线的应用

利用三角函数关系进行分析计算,具有直观明了、分析方便、计算简便等优点,但有时却需要添加若干条辅助线,并且需要分析数个三角形之间的几何关系.而应用平面解析几何计算可省掉对一些复杂三角关系的分析,用简单的数学方程即可准确地描述零件轮廓的几何图形,减少了较多层次的中间运算,使计算误差大大减小.尤其是在数控机床加工的手工编程中,应用二次曲线的方程进行计算是使用较普遍的计算方法之一.

任务1 求零件中圆弧的圆心坐标

【任务解读与目标】

1. 观察零件图,明确各圆弧与其所对应圆以及圆与圆之间的对应关系.
2. 观察零件加工图,弄清图中标注尺寸所表达的含义.
3. 分析图中的数量关系,能根据图形特征构建所求圆弧所在的圆,并运用圆的相关知识求出圆心坐标.

【任务内容与结构】

任务内容

某零件如图 2-27(a)所示,试根据图 2-27(b)所示尺寸,求 $R30 \pm 0.05$ 的圆心位置.

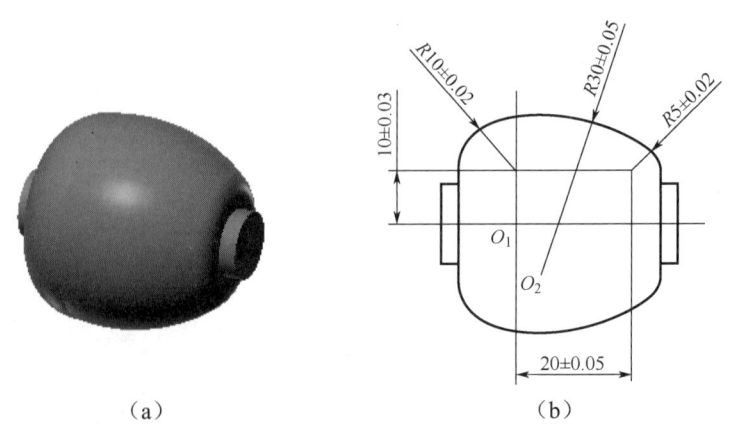

（a）　　　　　　　　　（b）

图 2-27

任务分析

根据图形分析可知 $R30$ 的圆弧与 $R10$ 和 $R5$ 两圆弧同时内切,因此可以确定 $R30$ 的圆心既在以 $R10$ 的圆心为圆心、以 $R(30-10)$ 为半径的圆周上,又在以 $R5$ 的圆心为圆心,以 $R(30-5)$ 为半径的圆周上,所以两圆周的交点就为 $R30$ 的圆心位置.

> **提示:**
> 两圆内切,圆心距等于半径之差.
> 两圆外切,圆心距等于半径之和.

知识链接

圆的方程(见表 2-4).

表 2-4　圆的方程

名称	圆
定义	平面内到一定点的距离为定长的动点轨迹,定点为圆心,定长为半径
标准方程	$(x-a)^2+(y-b)^2=r^2$,其中 (a,b) 为圆心,r 为半径
图形	(图:以 $C(a,b)$ 为圆心的圆,置于 xOy 坐标系中)

任务实施

【解】建立如图 2-28 所示的直角坐标系

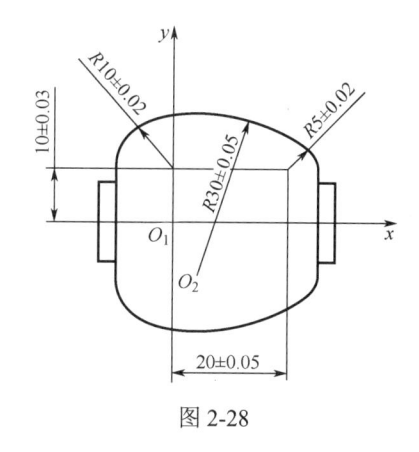

图 2-28

因为 $R10$ 的圆心坐标为 $(0,10)$，则以 $R10$ 的圆心为圆心、$R(30-10)$ 为半径的圆的方程为

$$x^2+(y-10)^2=(30-10)^2$$

同理以 $R5$ 的圆心为圆心，$R(30-5)$ 为半径的圆的方程为

$$(x-20)^2+(y-10)^2=(30-5)^2$$

解方程组 $\begin{cases} x^2+(y-10)^2=20^2 \\ (x-20)^2+(y-10)^2=25^2 \end{cases}$

得 $\begin{cases} x=4.375 \\ y=-9.516 \end{cases}$

所以 $R30$ 的圆心坐标为 $(4.375,-9.516)$.

> **思考：**
> 本题能否利用三角函数计算求解？请试一试，体会一题多解，选择适合自己的解题方法.

【任务拓展与提升】

任务拓展

某零件如图 2-29（a）所示，试根据图 2-29（b）所示尺寸，求 $R15\pm0.02$ 的圆心 O_2 的坐标及夹角 φ.

【解题思路】根据图形分析可知点 O_2 到点 O 的距离为 $(15+7)$，点 O_2 到点 O_1 的距离为 $(15+16)$，即点 O_2 既在以 $R7$ 的圆心为圆心、以 $R(15+7)$ 为半径的圆周上，又在以 $R16$ 的圆心为圆心，以 $R(15+16)$ 为半径的圆周上，所以两圆周的交点就是点 O_2 的位置. 由两圆方程联立的方程组得到点 O_2 的坐标，再根据斜率公式得到 O_2O 和 O_2O_1 所在直线斜率，由夹角公式计算两直线夹角 φ.

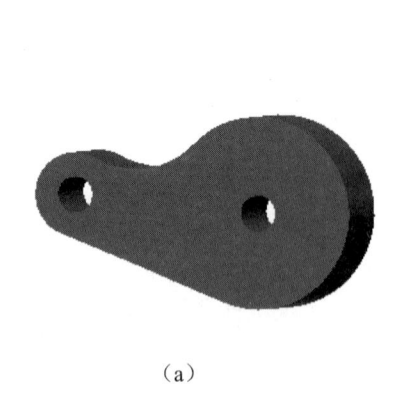

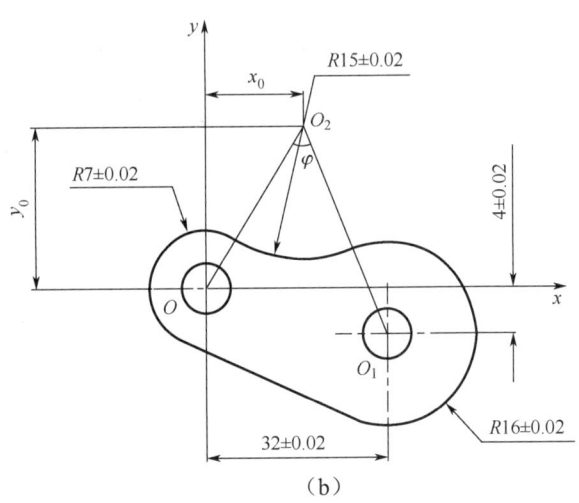

图 2-29

【解】 因为 $R7$ 的圆心坐标为 $(0,0)$

则以 $R7$ 的圆心为圆心、$R(15+7)$ 为半径的圆的方程为
$$x^2+y^2=(15+7)^2$$

因为 $R16$ 的圆心坐标为 $(32,-4)$，

则以 $R16$ 的圆心为圆心、$R(15+16)$ 为半径的圆的方程为
$$(x-32)^2+(y+4)^2=(15+16)^2$$

解方程组
$$\begin{cases} x^2+y^2=(15+7)^2 \\ (x-32)^2+(y+4)^2=(15+16)^2 \end{cases}$$

得 $\begin{cases} x_1=11.166 \\ y_1=18.956 \end{cases}$，$\begin{cases} x_2=6.156 \\ y_2=-21.121 \end{cases}$（不符合题意，略去）

所以 $R15$ 的圆心 O_2 的坐标为 $(11.166, 18.956)$.

根据斜率公式可知

$$K_{O_2O}=\frac{18.956}{11.166}\approx 1.698$$

$$K_{O_2O_1}=\frac{18.956+4}{11.166-32}=\frac{22.956}{-20.834}\approx -1.102$$

由夹角公式，得

$$\tan\varphi=\frac{K_{O_2O}-K_{O_2O_1}}{1+K_{O_2O}K_{O_2O_1}}=\frac{1.698-(-1.102)}{1+1.698\times(-1.102)}=\frac{2.8}{-0.871}=-3.215$$

所以 $\varphi=-72.722°\approx -72°43'$.

任务提升

某零件如图 2-30（a）所示，试根据图 2-30（b）所示尺寸，求 $R16\pm 0.02$ 圆心 O_1 的坐标.

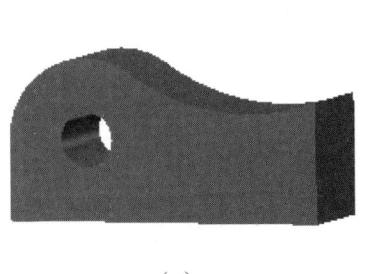

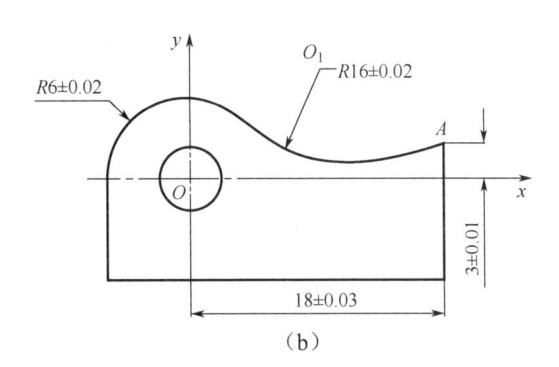

（a） （b）

图 2-30

任务2　求椭圆零件的锥度

【任务解读与目标】

1. 观察零件图，明确椭圆弧与其所对应椭圆的关系.
2. 观察零件加工图，弄清图中标注尺寸所表达的含义.
3. 分析图中的数量关系，能根据图形特征构建椭圆，并运用椭圆的相关知识求解.

【任务内容与结构】

任务内容

如图 2-31（a）所示零件，ABC 为椭圆弧，其中直线 AC 过椭圆弧所在椭圆 $\dfrac{x^2}{3600}+\dfrac{y^2}{1600}=1$ 的焦点，试根据图 2-31（b）所示尺寸，计算加工时的锥度 C.

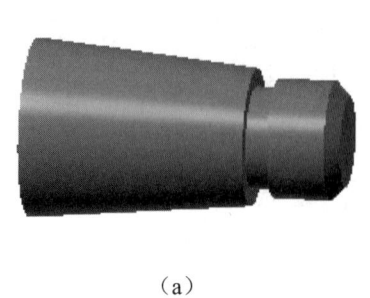

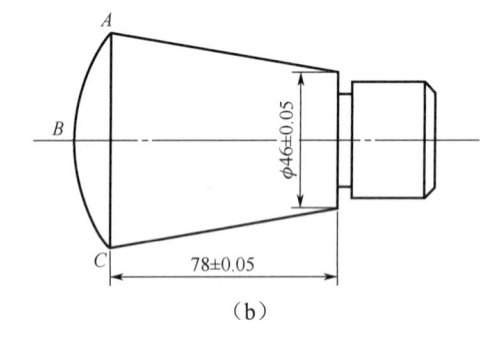

（a）　　　　　　　　　　（b）

图 2-31

任务分析

建立如图 2-32 所示的直角坐标系.

根据图中尺寸和条件可知，要计算锥度必须先确定大端直径 D，即 $AC=2y_A$，就转化为求 A 点坐标 (x_A,y_A) 的问题. 根据已知条件，$x_A=-c$（$2c$ 为椭圆焦距）容易算出，只要把 (x_A,y_A) 代入椭圆方程求解即可.

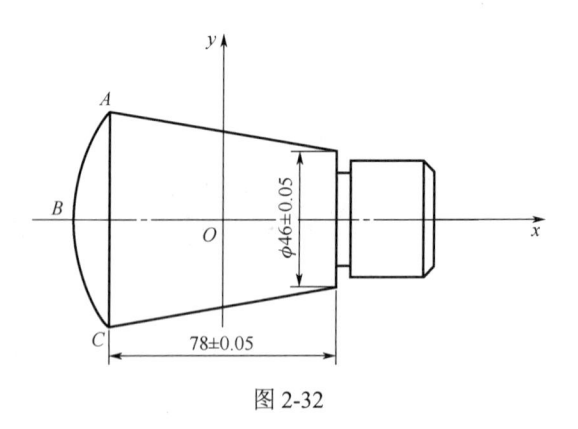

图 2-32

知识链接

椭圆的标准方程与性质（见表 2-5）.

表 2-5　椭圆的标准方程与性质

名称	椭圆
定义	平面内到两定点的距离之和为定长的动点轨迹
标准方程	$\dfrac{x^2}{a^2}+\dfrac{y^2}{b^2}=1$ $(a>b>0)$（焦点在 x 轴上）
图形	
顶点	$A(\pm a,0)$，$B(0,\pm b)$
对称轴	x 轴，长轴 A_1A_2 长 $2a$ y 轴，短轴 B_1B_2 长 $2b$
焦点	$F(\pm c,0)$，$b^2=a^2-c^2$，焦距 $F_1F_2=2c$
离心率	$e=\dfrac{c}{a}$ $(0<e<1)$
准线	$x=\pm\dfrac{a^2}{c}$

任务实施

【解】因为椭圆方程为 $\dfrac{x^2}{3600}+\dfrac{y^2}{1600}=1$

所以　　$a^2=3600$，$b^2=1600$

于是　　$c=\sqrt{a^2-b^2}=\sqrt{3600-1600}\approx 44.721$

因为 AC 过椭圆弧所在椭圆 $\dfrac{x^2}{3600}+\dfrac{y^2}{1600}=1$ 的焦点

所以　　$x_A=-c=-44.721$

代入椭圆方程得　$\dfrac{(-44.721)^2}{3600}+\dfrac{y^2}{1600}=1$

解得　　$y_A\approx 26.667$ 或 $y_A\approx -26.667$（舍）

所以　　　$D = 2y_A = 53.334$

因为　　　$d = 46$，$L = 78$

所以　　　$C = \dfrac{D - d}{L}$

$\qquad\quad = \dfrac{53.334 - 46}{78}$

$\qquad\quad \approx 0.094 \approx 1:10.64$

即锥体零件的锥度约为 0.094.

> **提示：**
>
> 锥度 $C = \dfrac{D - d}{L}$
>
> 式中　D——圆锥大端直径；
>
> 　　　d——圆锥小端直径；
>
> 　　　L——圆锥部分长度.

任务小结

直角坐标系的建立一般以零件轴线为 x 轴，零件的中心为原点，这样能简化运算. 这与编程中写基点时直角坐标系的建立是不一样的，编程中直角坐标系的原点一般在零件的端面.

【任务拓展与提升】

任务拓展

加工如图 2-33（a）所示的椭圆孔组合件，划线或做检验样板时都需要知道其方程. 试根据图 2-33（b）所示尺寸，建立平面直角坐标系，求椭圆方程.

【解题思路】建立如图 2-33（b）所示的坐标系，根据图中尺寸和条件可知，要求椭圆方程必须先设椭圆方程为 $\dfrac{x^2}{a^2} + \dfrac{y^2}{b^2} = 1$，根据已知条件求出 a, b 的值，再把 a, b 的值代入椭圆方程求解即可.

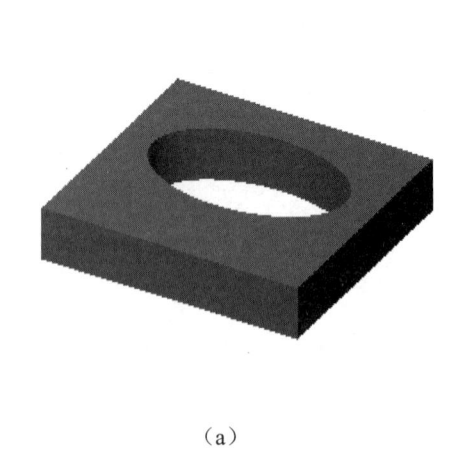

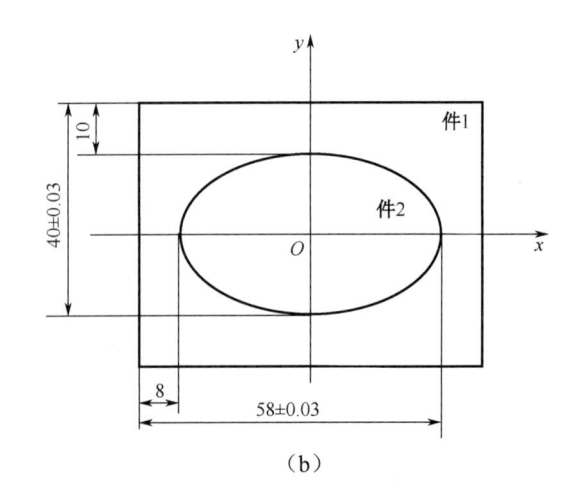

（a）　　　　　　　　　　　　　　（b）

图 2-33

【解】由图 2-33（b）所示可知，椭圆的焦点在 x 轴上．设所求椭圆方程为
$$\frac{x^2}{a^2}+\frac{y^2}{b^2}=1\ (a>b>0)$$
因为　　$2a=58-8=50$，$2b=40-10=30$
所以　　$a=25$，$b=15$
代入，即得椭圆方程为
$$\frac{x^2}{25^2}+\frac{y^2}{15^2}=1$$

任务提升

加工如图 2-34（a）所示的椭圆孔组合件，因划线及做检验样板时都需要知道其方程，试根据图 2-34（b）所示尺寸，求椭圆方程．

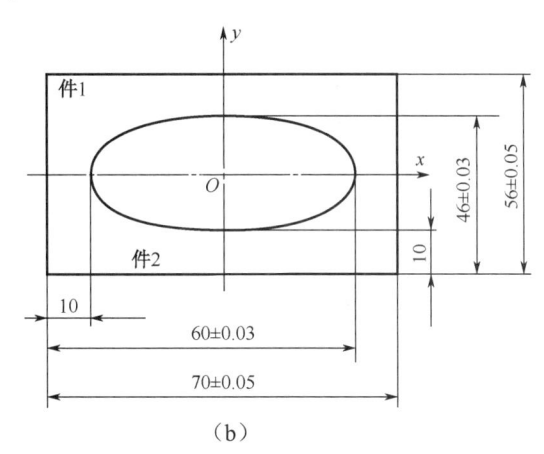

（a）　　　　　　　　　　（b）

图 2-34

任务3　求含双曲线零件的基点坐标

【任务解读与目标】

1. 观察零件图，明确双曲线形零件与其所对应双曲线方程的关系．
2. 观察零件加工图，弄清图中标注尺寸所表达的含义．
3. 分析图中的数量关系，根据图形特征构建双曲线，并运用双曲线的相关知识求解．

【任务内容与结构】

任务内容

双曲线形的自然通风塔的通风筒，是一个双曲线绕轴旋转成的壳体，如图 2-35（a）所示，它具有接触面大，风的对流好，冷却快，又能节省建筑材料等优点．某电厂使用的双曲线形通风塔，它的通风筒的最小半径为 12m，上口半径为 13m，下底半径为 25m，高 55m，如图 2-35（b）所示，在所给的直角坐标系中，求轴截面的双曲线的方程．（精确到 0.1m）

任务分析

建立如图 2-35（b）所示的直角坐标系，要求双曲线的方程，先设所求双曲线方程为 $\dfrac{x^2}{a^2} - \dfrac{y^2}{b^2} = 1$，由通风筒的最小直径为 12m 可知，$A(12, 0)$ 是双曲线的一个顶点，因此，$a = 12$．下面再求 b．

根据上口半径为 13m，下底半径为 25m，高 55m，可设 B 点的纵坐标为 y_1，则有 $B(25, y_1)$；再设 C 点的纵坐标为 y_2，则有 $C(13, y_2)$，且 $|y_2 - y_1| = y_2 - y_1 = 55$，点 B、C 都在双曲线上，将点 B、C 坐标代入方程，解方程组可得 y_1、y_2 及 b，从而得到所求方程．

知识链接

双曲线的标准方程与性质（见表 2-6）．

（a）　　　　　　（b）

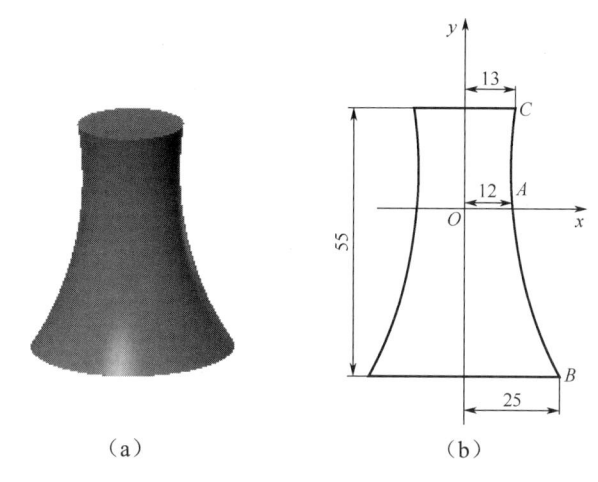

图 2-35

表 2-6　双曲线的标准方程与性质

名称	双曲线
定义	平面内到两定点的距离之差的绝对值为定长的动点轨迹
标准方程	$\dfrac{x^2}{a^2}-\dfrac{y^2}{b^2}=1\ (a>0,b>0)$（焦点在 x 轴上）
图形	
顶点	$A(\pm a,0)$
对称轴	x 轴，实轴长 $2a$ y 轴，虚轴长 $2b$
焦点	$F(\pm c,0)$，$b^2=c^2-a^2$
离心率	$e=\dfrac{c}{a}\ (e>1)$
准线	$x=\pm\dfrac{a^2}{c}$

任务实施

【解】 在如图 2-35（b）所示的直角坐标系中，设所求双曲线的方程为

$$\frac{x^2}{a^2}-\frac{y^2}{b^2}=1$$

由已知条件可知，$A(12, 0)$ 是双曲线的一个顶点

因此　　$a=12$，下面再求 b

设 B 点的纵坐标为 y_1，则有 $B(25, y_1)$；再设 C 点的纵坐标为 y_2，则有 $C(13, y_2)$

因为点 B、C 都在双曲线上

所以　　$\dfrac{25^2}{12^2}-\dfrac{y_1^2}{b^2}=1$

和　　$\dfrac{13^2}{12^2}-\dfrac{y_2^2}{b^2}=1$

解方程组，得

$$y_1=-\frac{b}{12}\sqrt{25^2-12^2}=-\frac{b}{12}\sqrt{481}$$

$$y_2=\frac{b}{12}\sqrt{13^2-12^2}=\frac{5}{12}b$$

因为塔高 55m

所以　　$|y_2-y_1|=y_2-y_1=55$

即　　$\dfrac{5}{12}b+\dfrac{b}{12}\sqrt{481}=55$

解得　　$b\approx 24.5\text{m}$

因此，所求轴截面的双曲线方程（近似）为

$$\frac{x^2}{12^2}-\frac{y^2}{24.5^2}=1$$

任务小结

在进行二次曲线的运算时常常运算量较大，可借助计算器或计算机进行运算．二次曲线具有对称性，一般根据对称性建立直角坐标系能简化运算．

【任务拓展与提升】

任务拓展

某零件如图 2-36（a）所示，试根据图 2-36（b）所示尺寸，求其检验样板的双曲线方程．

（a） （b）

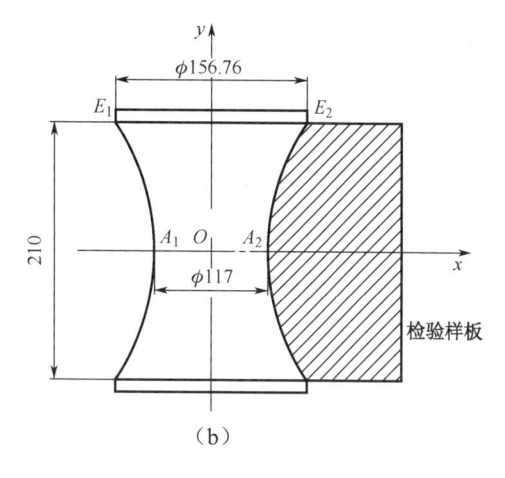

图 2-36

【解】在如图 2-36（b）所示的直角坐标系中，设所求双曲线的方程为

$$\frac{x^2}{a^2}-\frac{y^2}{b^2}=1$$

由已知条件可知，$A_2\left(\dfrac{117}{2},0\right)$ 是双曲线的一个顶点

因此 $a=\dfrac{117}{2}=58.5$，即 $a^2\approx 3422$

根据 E_2 点的坐标为 $\left(\dfrac{156.76}{2},\dfrac{210}{2}\right)$

且点 E_2 在双曲线上，所以有 E_2 点坐标满足方程

$$\frac{\left(\dfrac{156.76}{2}\right)^2}{\left(\dfrac{117}{2}\right)^2}-\frac{\left(\dfrac{210}{2}\right)^2}{b^2}=1$$

即

$$\frac{78.38^2}{58.5^2}-\frac{105^2}{b^2}=1$$

解之，得

$$b^2\approx 13865$$

因此，所求检验样板的双曲线方程（近似）为

$$\frac{x^2}{3422}-\frac{y^2}{13865}=1\ (x>0)$$

任务提升

1. 如图 2-37（a）所示是双曲线形冷却塔示意图，如图 2-37（b）所示，塔高 29m，塔筒喉部（最小半径处）到塔顶的距离是 5m，塔筒喉部圆的半径是 8m，塔底圆的半径是 14m. 求塔筒轴截面的双曲线方程.

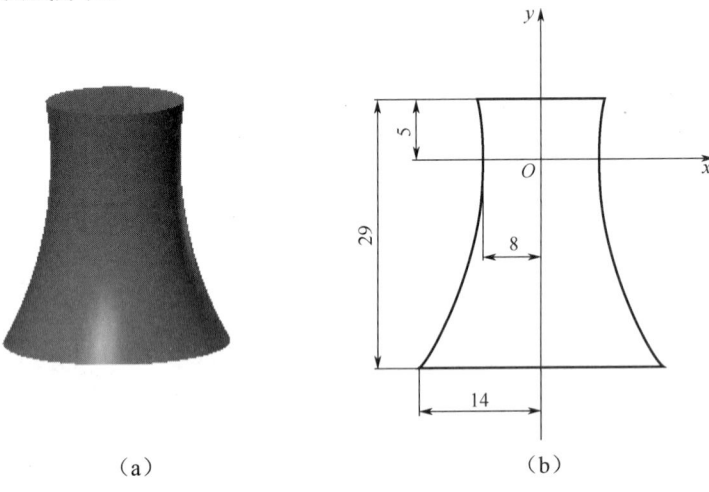

图 2-37

2．如图 2-38（a）所示是校直机的双曲线滚轮，试根据图 2-38（b）所示尺寸，求双曲线的方程．

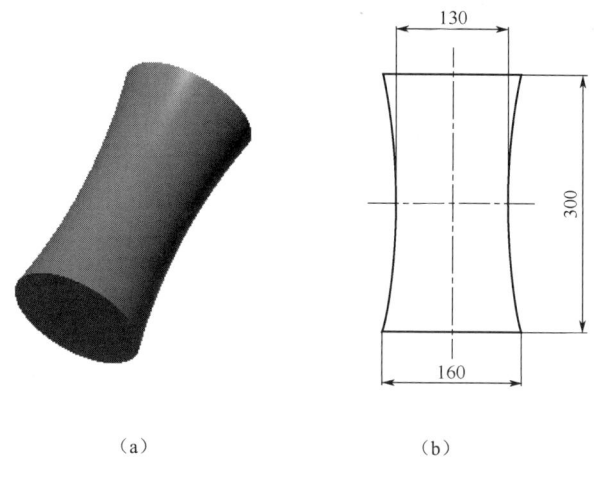

（a）　　　　　　　（b）

图 2-38

任务 4　求零件中二次曲线相交成的基点坐标

【任务解读与目标】

1. 观察零件图，明确各图形与其对应二次曲线方程的关系.
2. 观察零件加工图，弄清图中标注尺寸所表达的含义.
3. 分析图中的数量关系，能根据图形特征构建二次曲线，并运用二次曲线的相关知识，解决相关问题.

【任务内容与结构】

任务内容

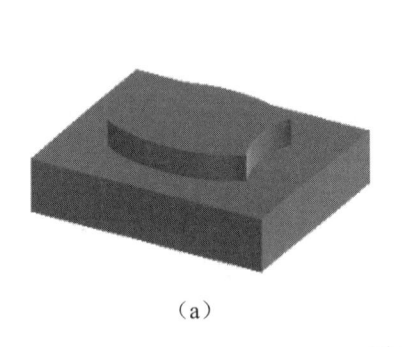

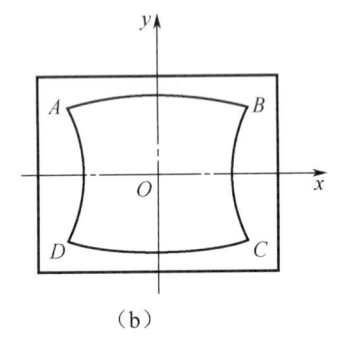

某零件如图 2-39（a）所示，其中 AB、CD 均为椭圆弧，AD、BC 均为双曲线弧，在加工时需要确定 A、B、C、D 四点的坐标，如图 2-39（b）所示．现已知椭圆弧的方程为 $\dfrac{x^2}{80}+\dfrac{y^2}{50}=1$，而双曲线的顶点和椭圆的焦点重合，双曲线的焦点和椭圆长轴的端点重合，试求 A、B、C、D 四点的坐标．

（a）　　　　　　　　（b）

图 2-39

任务分析

1. 根据题中条件可知 A、B、C、D 四点是双曲线和椭圆的交点，把双曲线和椭圆的方程组成方程组求解即可．
2. 椭圆的方程已知，需求解双曲线的方程．根据椭圆与双曲线的关系，由椭圆方程得到双曲线的焦点与顶点，从而可求得双曲线的方程．

知识链接

椭圆与双曲线的标准方程与性质（见表 2-8）.

表 2-8 椭圆与双曲线的标准方程与性质

名称	椭圆	双曲线
定义	平面内与两定点的距离之和为定长的动点轨迹	平面内与两定点的距离之差的绝对值为定长的动点轨迹
标准方程	$\dfrac{x^2}{a^2}+\dfrac{y^2}{b^2}=1\ (a>b>0)$（焦点在 x 轴上）	$\dfrac{x^2}{a^2}-\dfrac{y^2}{b^2}=1\ (a>0,b>0)$（焦点在 x 轴上）
图形		
顶点	$A(\pm a,0)$，$B(0,\pm b)$	$A(\pm a,0)$
对称轴	x 轴，长轴长 $2a$；y 轴，短轴长 $2b$	x 轴，实轴长 $2a$；y 轴，虚轴长 $2b$
焦点	$F(\pm c,0)$，$b^2=a^2-c^2$	$F(\pm c,0)$，$b^2=c^2-a^2$
离心率	$e=\dfrac{c}{a}\ (0<e<1)$	$e=\dfrac{c}{a}\ (e>1)$
准线	$x=\pm\dfrac{a^2}{c}$	$x=\pm\dfrac{a^2}{c}$

任务实施

【解】因为椭圆的方程为 $\dfrac{x^2}{80}+\dfrac{y^2}{50}=1$

所以 $a=\sqrt{80}$，$b=\sqrt{50}$

则 $c=\sqrt{a^2-b^2}=\sqrt{30}$

因为双曲线的顶点和椭圆的焦点重合，双曲线的焦点和椭圆长轴的顶点重合

所以　　　　$a_双 = c = \sqrt{30}$，$c_双 = a = \sqrt{80}$

则　　　　$b_双 = \sqrt{{c_双}^2 - {a_双}^2} = \sqrt{80 - 30} = \sqrt{50}$

所以双曲线的方程为

$$\frac{x^2}{30} - \frac{y^2}{50} = 1$$

解方程组

$$\begin{cases} \dfrac{x^2}{80} + \dfrac{y^2}{50} = 1 \\ \dfrac{x^2}{30} - \dfrac{y^2}{50} = 1 \end{cases}$$

得

$$\begin{cases} x = \pm 6.606 \\ y = \pm 4.767 \end{cases}$$

所以根据图形得四点的坐标分别是

$A(-6.606, 4.767)$，$B(6.606, 4.767)$

$C(6.606, -4.767)$，$D(-6.606, -4.767)$

任务小结

1. 求二次曲线的交点必须先求出曲线方程，首先得建立适当的直角坐标系，一般是根据零件的对称性设定坐标系，以利于计算．

2. 求交点的计算量一般比较大，可以借助计算器、计算机等进行．

【任务拓展与提升】

任务拓展

某天文仪器厂设计制造的一种镜筒直径为 0.6m，长为 2.4m 的反射式望远镜，其光学系统的原理如图 2-40 所示（中心截面示意图）．其中，一个反射镜 DCE 所在的曲线为抛物线，另一个反射镜 FGH 所在的曲线为双曲线的一个分支．已知点 A、B 是双曲线的两个焦点，其中 B 同时又是抛物线的焦点，试根据图示尺寸（单位：cm），分别求抛物线和双曲线的方程．

图 2-40

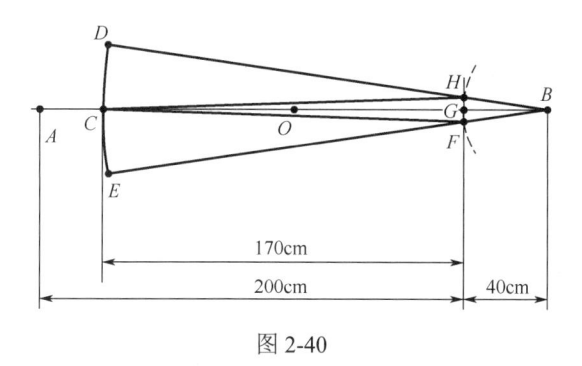

【解题思路】 建立适当的直角坐标系,写出双曲线与抛物线的焦点坐标,求出实轴与虚轴的长,即可得到双曲线的标准方程与抛物线的标准方程.

【解】 以双曲线的两个焦点 A、B 所在的直线作为 x 轴,以 AB 的中垂线为 y 轴建立如图 2-41 所示的直角坐标系.

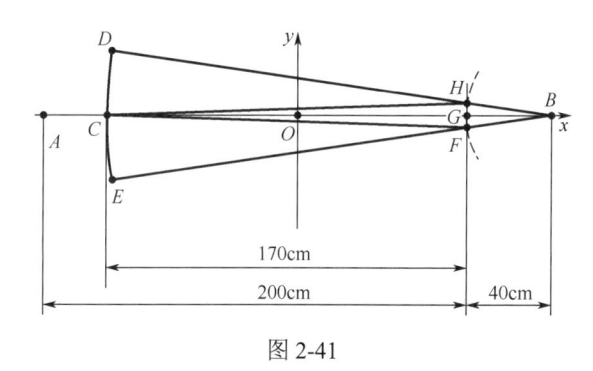

图 2-41

由图 2-41 知, $A(-120,0)$、$B(120,0)$、$C(-90,0)$、$G(80,0)$. 可知双曲线的半实轴长 $a=80$,半焦距 $c=120$. 所以在双曲线中有
$$b^2 = c^2 - a^2 = 120^2 - 80^2 = 8000$$
所以,所求的双曲线的方程为
$$\frac{x^2}{6400} - \frac{y^2}{8000} = 1$$
又由图可知,抛物线的顶点 $C(-90,0)$,焦点到顶点的距离为
$$\frac{p}{2} = 210,\ \text{故知}\ p = 420$$
又因为所求的抛物线方程是由标准方程向左平移了 90 个单位所得,所以所求的抛物线的方程为
$$y^2 = 840(x-90)$$

任务提升

某烘箱的热能反射罩如图 2-42 所示，它是一抛物柱面，电热丝放置在抛物柱面的焦点上，可使热能向一个方向均匀辐射，试根据图 2-43 所示尺寸求电热丝到抛物柱面顶点的距离．

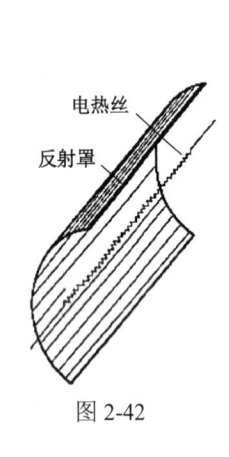

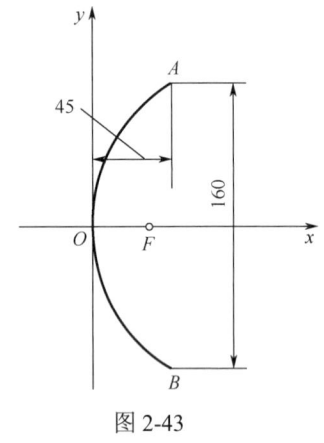

图 2-42

图 2-43

知识链接

抛物线的方程与性质（见表 2-9）．

表 2-9　抛物线的方程与性质

抛物线				
标准方程	$y^2=2px\ (p>0)$	$y^2=-2px\ (p>0)$	$x^2=2py\ (p>0)$	$x^2=-2py\ (p>0)$
范围	$x\geqslant 0$	$x\leqslant 0$	$y\geqslant 0$	$y\leqslant 0$
焦点坐标	$(\dfrac{p}{2},0)$	$(-\dfrac{p}{2},0)$	$(0,\dfrac{p}{2})$	$(0,-\dfrac{p}{2})$
准线方程	$x=-\dfrac{p}{2}$	$x=\dfrac{p}{2}$	$y=-\dfrac{p}{2}$	$y=\dfrac{p}{2}$
顶点	(0,0)			
对称轴	x 轴		y 轴	
离心率	$e=1$			

【解】 建立如图 2-43 所示的直角坐标系

设抛物线柱面截面的抛物线方程为
$$y^2 = 2px \ (p > 0)$$
因为　　$A(45, 80)$

代入方程，得
$$80^2 = 2p \cdot 45$$
求得　　$p \approx 71.11$

所以焦点 F 的坐标为 $(35.56, 0)$

所以焦点到顶点的距离为 35.56，即为电热丝到抛物柱面顶点的距离.

通过以上例题可知，在建立了直角坐标系之后，求曲线方程的基本方法是先设定曲线方程，再利用曲线上的点所满足的条件，代入所设方程求出未知量，从而求出曲线的方程．在求具体的二次曲线方程时，主要利用标准方程进行求解．求椭圆和双曲线标准方程时，主要是确定 a、b 的值，要注意在椭圆中 $b^2 = a^2 - c^2$，在双曲线中 $b^2 = c^2 - a^2$．求抛物线标准方程主要是求 p 的值.

二次曲线是生产实践和科学技术中常见的、应用广泛的平面曲线.

模块小结

综合本模块中的例题可知：在专业实习和生产实践中，一些有关测量、检验的尺寸及点（圆心、切点、交点）的坐标，并不在零件图中标注，而在实际加工时必须知道，这时可用平面解析几何法计算。解决问题的基本思路是：

1. 分析零件图，明确几何关系；
2. 建立适当的直角坐标系（若零件图上已建立坐标系，此步骤省略）；
3. 由图示条件（长度、角度）确定已知点的坐标或建立直线（曲线）的方程；
4. 用距离公式或解方程组的方法求得所需的尺寸或点的坐标。

模块三
立体几何的应用

　　加工的零件都是立体的物体,有的零件的所有轮廓尺寸数据在二维平面上能够表达清楚,只需在二维平面上建立零件在数控加工中的数学模型即可. 但是有的零件轮廓尺寸数据需要在三维空间上才能表达清楚,所以就必须在三维空间建立零件数控加工的数学模型. 如三维空间实体,三维空间曲面的加工等,只能在三维空间才能正确写出基点、节点的编程坐标. 如果还需计算零件的面积与体积,就必须利用空间几何体的相关计算方法进行计算.

项目一

空间坐标系的应用

空间坐标系有多种，在数控加工中一般应用的是三维坐标系．把零件放在三维坐标系中，根据轮廓找出节点、基点，由零件尺寸计算相关数据，写出节点坐标，从而进行数控编程加工．

任务　写零件的三维坐标

【任务解读与目标】

1. 在零件图上，按照工艺要求设定三维直角坐标系．
2. 对原有的尺寸进行标注，求出编程用到的相关尺寸．
3. 在零件图上标明三维直角坐标系的原点和坐标轴，标明轮廓部分的基点、节点、圆心，并进行编号，对某些必要的参数点也要标明并编号．
4. 应用适当的数学方法对编号的基点、节点、圆心、参数点的坐标值进行计算求解，并将计算结果列表写出；若图形简单，点数较少，可以直接将计算结果标在解题分析图所求点处．

【任务内容与结构】

任务内容

数控加工如图 3-1（a）所示的棱台面时，需写出如图 3-1（b）所示各节点、基点的坐标．根据图 3-2 所示尺寸，用三坐标数控铣床加工棱台面，试写出该零件的各节点、基点的坐标．

图 3-1

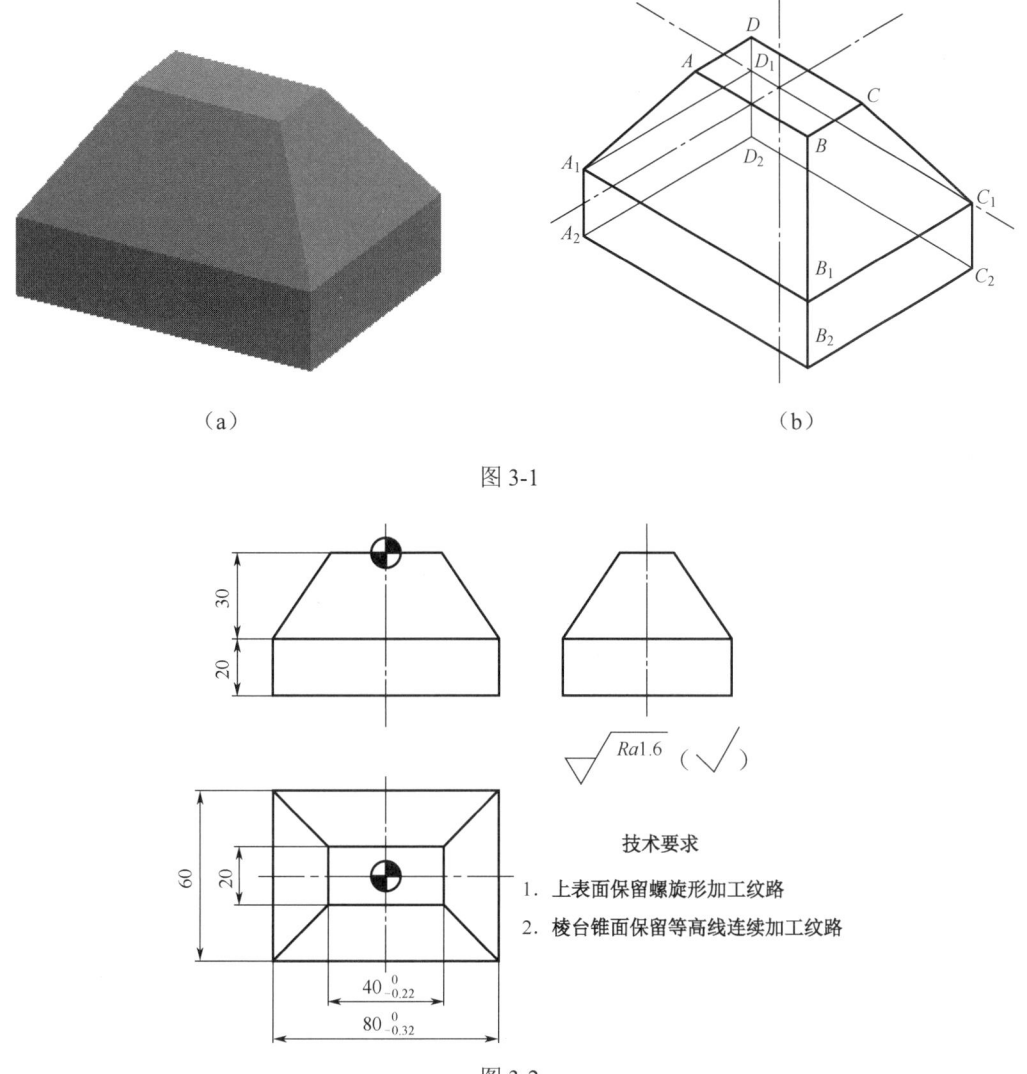

图 3-2

任务分析

1. 零件为轴截面对称图形，棱台的上底面为小矩形，下底面为大矩形，侧面为梯形.

2. 两底面的棱与侧面棱的交点均为基点，共有 12 个，在数控加工编程时需要写出这些点的坐标.

3. 要求选择适当的点建立坐标系. 作为一个轴截面对称零件，非轴对称零件，建立二维坐标系是无法把尺寸清晰标注出来的，只有建立三维坐标系才能有效标注零件尺寸.

4. 计算与各节点、基点相关的长度.

知识链接

1. 三维直角坐标系的定义：如图 3-3 所示，在空间作三条两两相互垂直且有公共原点的数轴，而且各条数轴一般取相同的单位长度，这三条数轴分别称为 x 轴（横轴）、y 轴（纵轴）、z 轴（竖轴），统称为坐标轴．各条数轴的正方向通常采用右手法则来确定，这样在空间建立起来的坐标系叫作三维直角坐标系（右手系）．

由三条数轴中的任意两条所确定的平面叫作坐标平面，如 xOy 平面、yOz 平面、xOz 平面．这三个坐标平面把空间分成八个部分，每部分称为一个卦限（见图 3-4）．

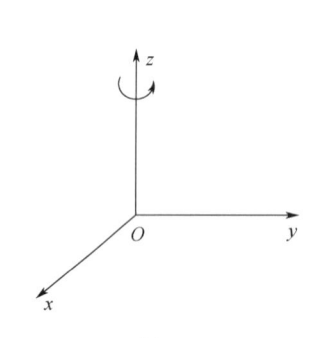

图 3-3

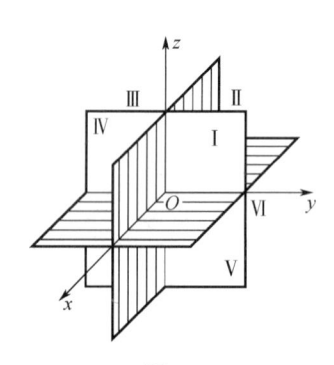

图 3-4

2. 三维直角坐标系中点的坐标表示：过空间中的一点 M，分别作平行于 xOy、yOz、xOz 坐标平面的三个平面，交 x、y、z 轴于 P、Q、R 三点，这三点在 x 轴、y 轴、z 轴上的坐标依次为 x、y、z．这组有序的实数叫作空间一点 M 的坐标，记为 $M(x,y,z)$．x，y，z 分别称为 M 点的横坐标、纵坐标和竖坐标（见图 3-5）．

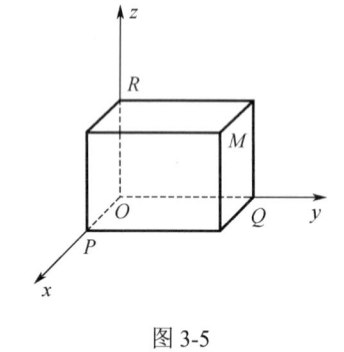

任务实施

【解】（1）以上底面矩形的中心为坐标原点，建立如图 3-6 所示的三维直角坐标系．

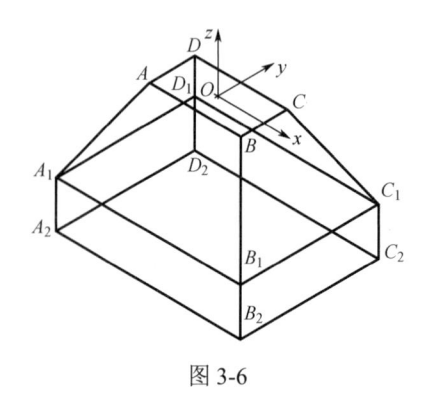

图 3-5

图 3-6

（2）基点与参数点的坐标如表 3-1 所示.

表 3-1　基点与参数点的坐标

坐标	点					
	A	B	C	D	A_1	B_1
x	−19.945	19.945	19.945	−19.945	−39.92	39.92
y	−10	−10	10	10	−30	−30
z	0	0	0	0	−30	−30

坐标	点					
	C_1	D_1	A_2	B_2	C_2	D_2
x	39.92	−39.92	−39.92	39.92	39.92	−39.92
y	30	30	−30	−30	30	30
z	−30	−30	−50	−50	−50	−50

任务小结

1．对非轴对称的零件进行数控编程加工时，要写出基点、节点、参考点的坐标，就必须建立三维直角坐标系.

2．建立三维直角坐标系，关键是原点位置的确定，坐标原点一般放在零件图中具有对称性的对称中心，坐标的方向可根据具体情况选择右手法则或左手法则.

3．进行数值的转换，得到各基点、节点、参考点的坐标，写在表格中.

【任务拓展与提升】

任务拓展

如图 3-7（a）所示为昆氏曲面，试根据图 3-7（b）所示尺寸，写出它的基点坐标.

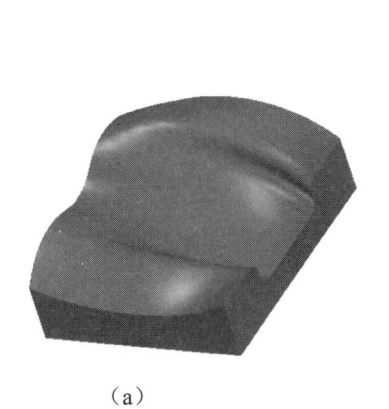

（a）　　　　　　　　　　　　　（b）

图 3-7

【解题思路】 这个下模曲面是由 Numbs 函数按照昆氏（Coons）曲面的成形原理建立生成的．建立该零件的数学模型只需要建立原始线架构图即可．故设定三维直角坐标系，找到空间不同截面轮廓上的基点，用解题分析图和基点坐标表示，然后用昆氏曲面成形．

如图 3-8 所示为基点与参数点分析图．

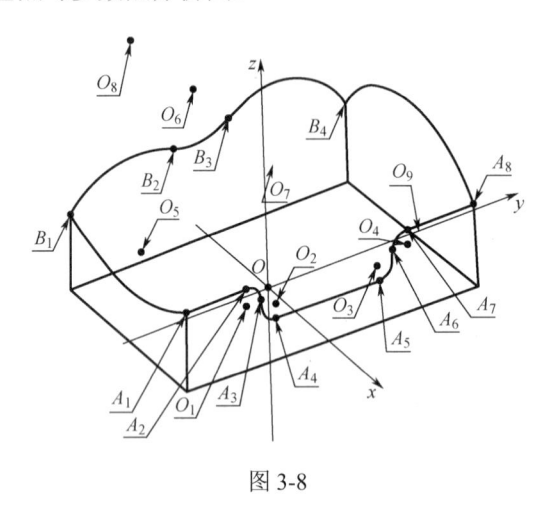

图 3-8

基点与参数点的坐标如表 3-2 所示．

表 3-2　基点与参数点的坐标

坐标	点									
	A_1	A_2	A_3	A_4	A_5	A_6	A_7	A_8	B_1	B_2
x	25	25	25	25	25	25	25	25	-25	-25
y	-37.5	-21.5	-17.5	-13.5	13.5	17.5	21.5	37.5	-37.5	-9.02
z	20	20	16	10	10	16	20	20	20	26.5

表 3-3　基点与参数点的坐标

坐标	点										
	B_3	B_4	O_1	O_2	O_3	O_4	O_5	O_6	O_7	O_8	O_9
x	-25	-25	25	25	25	25	-25	-25	-25	0	0
y	6.22	37.5	-21.5	-13.5	13.5	21.5	-18.75	-3.19	18.75	-37.5	37.5
z	28.62	20	16	14	14	16	3.46	40.3	13.04	63.3	3.42

任务提升

加工如图 3-9（a）所示的凸模零件，试根据图 3-9（b）所示的尺寸写出其基点的三维坐标.

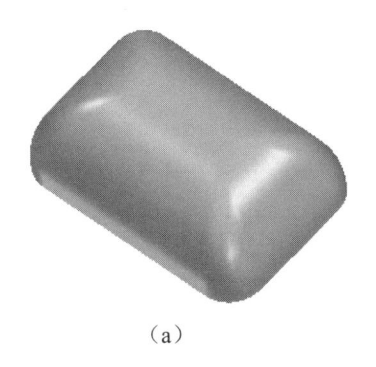

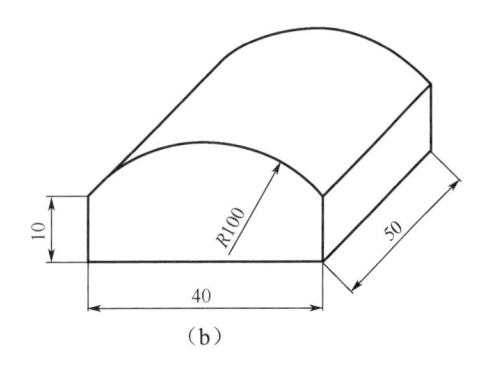

（a） （b）

图 3-9

项目二

空间几何体面积与体积的计算

零件在加工前常常要进行用料的估算,这就涉及零件面积与体积的计算.数控车加工的零件一般为轴类零件,属于数学中的旋转体,数控铣加工的零件中棱柱、棱台较多,属于数学中的多面体,这就需要利用旋转体与多面体这两类空间几何体的相关知识来计算这些零件的大小.

任务1 多面体面积与体积的计算

【任务解读与目标】

多面体分为棱柱、棱锥、棱台三大类.在进行数控中级工、高级工的训练时,加工的多面体零件中,棱柱以直棱柱为主、棱台以底面为规则图形为主、棱锥以顶点在底面的投影为底面的中心为主,所以,本任务主要以直棱柱、正棱锥及规则底面的棱台零件的计算为主.

【任务内容与结构】

任务内容

加工如图 3-10(a)所示的钢质零件,试根据图 3-10(b)所示的尺寸计算其质量.(钢的密度为 7.8g/cm³)

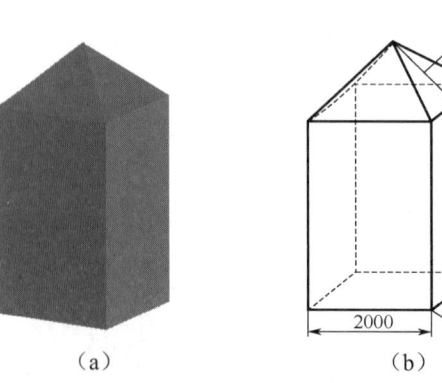

图 3-10

任务分析

零件可看成由正四棱锥与正四棱柱组成,正四棱柱的体积可以利用公式可以直接计算得到. 在正四棱锥中作出高与斜高构成的直角三角形,求解得到高,再计算其体积.

知识链接

多面体的侧面积与体积(见表 3-4).

表 3-4 多面体的侧面积与体积

几何体	图形及侧面展开图	侧面积	体积
直棱柱		$S_{直棱柱侧} = cl$ c 为底面周长	$V_{直棱柱} = S_{底} h$
正棱锥		$S_{正棱锥侧} = \dfrac{1}{2} cl$ c 为底面周长	$V_{正棱锥} = \dfrac{1}{3} S_{底} h$
正棱台		$S_{正棱台侧} = \dfrac{1}{2}(c_{上} + c_{下}) l$ $c_{上}$ 为上底面周长 $c_{下}$ 为下底面周长	$V_{正棱台} = \dfrac{1}{3} h (S_{上} + S_{下} + \sqrt{S_{上} \cdot S_{下}})$

任务实施

【解】如图 3-11 所示,在正三棱锥 $P\text{-}ABCD$ 中,取底面的中心 O 与 AB 的中点 E,连接 PO、OE,则线段 PO 为此正三棱锥的高.

在 Rt△POE 中，$OE = \dfrac{1}{2}AD = 1000$

$$\begin{aligned}PO &= \sqrt{PE^2 - OE^2} \\ &= \sqrt{1700^2 - 1000^2} \\ &\approx 1375 \text{(mm)}\end{aligned}$$

正三棱锥 $P-ABCD$ 的体积为

$$\begin{aligned}V_{P-ABCD} &= \dfrac{1}{3}S_{底} \cdot h = \dfrac{1}{3} \times AB^2 \times PO \\ &= \dfrac{1}{3} \times 2000^2 \times 1375 \\ &\approx 1.83 \times 10^9 \text{(mm}^3\text{)} \\ &= 1.83 \times 10^6 \text{(cm}^3\text{)}\end{aligned}$$

图 3-11

如图 3-12 所示，正四棱柱 $ABCD-A_1B_1C_1D_1$ 的体积

$$\begin{aligned}V_{ABCD-A_1B_1C_1D_1} &= 2000^2 \times 6000 \\ &= 2.4 \times 10^{10} \text{(mm}^3\text{)} \\ &= 24 \times 10^6 \text{(cm}^3\text{)}\end{aligned}$$

零件的体积

$$\begin{aligned}V &= V_{P-ABCD} + V_{ABCD-A_1B_1C_1D_1} \\ &= 25.83 \times 10^6 \text{(cm}^3\text{)}\end{aligned}$$

零件的质量为

$$\begin{aligned}m &= V \times 7.8 = 25.83 \times 10^6 \times 7.8 \\ &= 201.474 \times 10^6 \text{(g)}\end{aligned}$$

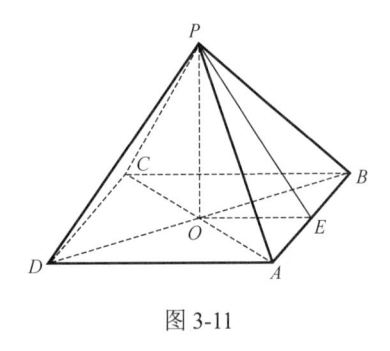

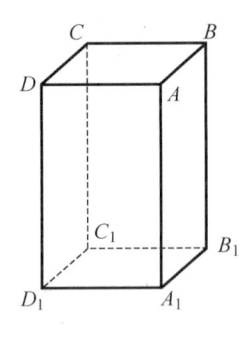

图 3-12

任务小结

多面体零件常常由两个或多个简单几何体组合而成，要计算其面积与体积，需进行几何体的分解，一般分解为棱柱、棱锥等基本几何体，分别计算这些小几何体的面积与体积，再相加得到零件的面积与体积.

在棱柱与棱锥的计算中，常常构建三角形，利用直角三角形、斜三角形的边角关系，求解棱柱、棱锥等的边长、高、斜高等参数进行面积与体积的计算.

【任务拓展与提升】

任务拓展

在数控铣床上加工如图 3-13（a）所示的零件，试根据图 3-13（b）所示的尺寸，计算该零件的体积.

(a)   (b)

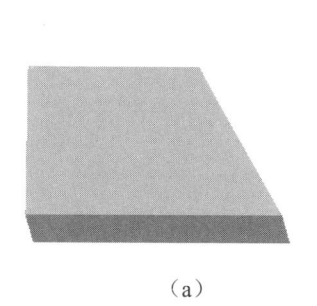

图 3-13

【解题思路】1. 零件为直棱柱，底面为直角梯形.
2. 利用梯形的面积公式求底面面积.
3. 利用直棱柱的体积公式求得零件的体积.

【解】零件底面为如图 3-14 所示的四边形 $ABCD$，
$\angle BAD = \angle ABC = 90°$，$AB = AD = 8$，$BC = 9$
梯形 $ABCD$ 的面积
$$S_{ABCD} = \frac{(AD+BC) \times AB}{2} = \frac{(8+9) \times 8}{2} = 68$$
零件的体积　$V = S_{ABCD}h = 68 \times 5 = 340$

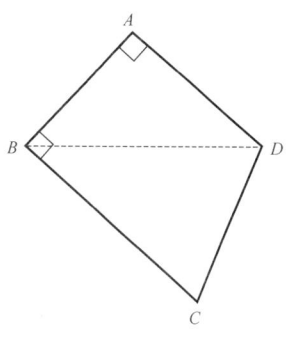

图 3-14

任务提升

如图 3-15（a）所示为棱台零件，根据图 3-15（b）所示尺寸，计算它的体积.

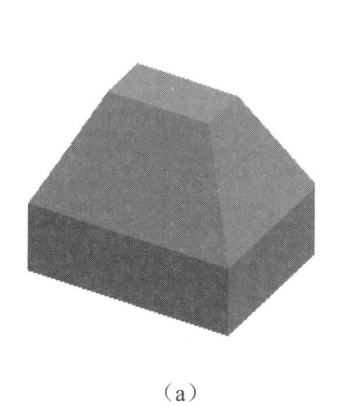

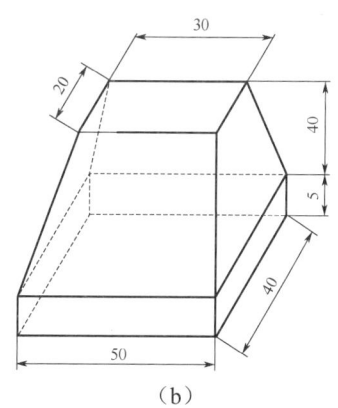

(a)   (b)

图 3-15

任务2　旋转体面积与体积的计算

【任务解读与目标】

旋转体分为四类：圆柱、圆锥、圆台、球体，球体中包括球冠与球缺。数控加工中的旋转体零件只含有单纯的一个旋转体或一类旋转体都是比较少见的，常常是两个或几个不同旋转体的组合，比如由两个大小不同的圆柱体组合而成，或由圆柱、多个圆台组合而成，或由圆柱与球体组合而成等。本任务讨论的零件都是平时中级工、高级工训练中常见的零件，皆由几个简单旋转体组合而成，需要进行分解计算。

【任务内容与结构】

任务内容

在数控车床上加工如图 3-16（a）所示圆锥形风帽，试根据图 3-16（b）所示尺寸，计算该风帽的表面积与体积。

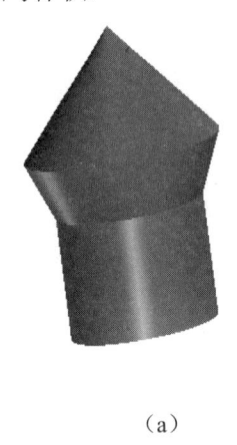

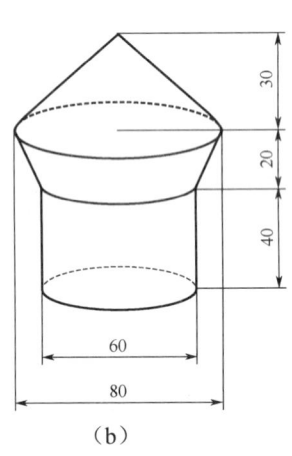

（a）　　　　（b）

图 3-16

任务分析

1．风帽由三个小旋转体组合而成：帽顶为圆锥、中间为圆台、下面为圆柱。
2．风帽的表面积为圆锥、圆台、圆柱的侧面积及圆柱底面积之和。
3．风帽的体积为圆锥、圆台、圆柱的体积之和。
4．在圆锥的计算中，由圆锥的高、底面半径、母线组成的直角三角形解得圆锥的母线长，从而求解圆锥的侧面积。
5．在圆台的计算中，用类似的方法求其母线的长，再求得其侧面积。

知识链接

旋转体的侧面积与体积（见表 3-5）.

表 3-5　旋转体的侧面积与体积

几何体	图形及侧面展开图	侧面积	体积
圆柱		$S_{圆柱侧} = cl = 2\pi rl$	$V_{圆柱} = S_{底}h = \pi r^2 h$
圆锥		$S_{圆锥侧} = \dfrac{1}{2}cl = \pi rl$	$V_{圆锥} = \dfrac{1}{3}S_{底}h = \dfrac{1}{3}\pi r^2 h$
圆台		$S_{圆台} = \dfrac{1}{2}(c_{上}+c_{下})l$ $= \pi(r+R)l$	$V_{圆台} = \dfrac{1}{3}h(S_{上}+S_{下}+\sqrt{S_{上}\cdot S_{下}})$ $= \dfrac{1}{3}\pi h(r^2+R^2+r\cdot R)$

任务实施

【解】风帽顶部为圆锥，其轴截面如图 3-17 所示，AB 为圆锥底面的直径，O 为底面的圆心，S 为圆锥的顶点，SA、SB 为圆锥的母线．连接 SO，构成 Rt$\triangle SOB$，SO 为圆锥的高 h．

所以母线的长

$$l = SB = \sqrt{h^2 + r^2} = \sqrt{30^2 + 40^2} = 50$$

侧面积为

$$S_{圆锥} = \pi rl = \pi \times 40 \times 50 \approx 6283.19$$

体积为

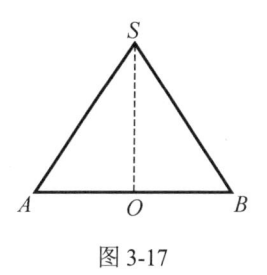

图 3-17

$$V_{\text{圆锥}} = \frac{1}{3}\pi r^2 h = \frac{1}{3}\pi \times 40^2 \times 30 \approx 50265.48$$

风帽的中部为圆台，其轴截面如图 3-18 所示，在梯形 ABB_1A_1 中，作 $A_1D \perp AB$，D 为垂足，则 A_1D 为圆台的高 h_1．

$$h_1 = A_1D = 20$$

$$AD = \frac{AB - A_1B_1}{2} = \frac{80 - 60}{2} = 10$$

所以母线长为

$$l_1 = \sqrt{A_1D^2 + AD^2} = \sqrt{20^2 + 10^2} = 10\sqrt{5}$$

图 3-18

侧面积为

$$S_{\text{圆台}} = \pi(r+R)l_1 = \pi \times (40+30) \times 10\sqrt{5} \approx 4917.37$$

体积为

$$V_{\text{圆锥}} = \frac{1}{3}\pi(r^2 + R^2 + rR)h_1$$

$$= \frac{1}{3}\pi \times (40^2 + 30^2 + 40 \times 30) \times 20 \approx 77492.62$$

风帽的底部为圆柱体，底面半径为 $R = 30$，高为 $h_2 = 40$

圆柱的侧面积为

$$S_{\text{圆柱}} = 2\pi R h_2 = 2\pi \times 30 \times 40 \approx 7539.82$$

圆柱的底面积为

$$S_{\text{底}} = \pi R^2 = \pi \times 30^2 \approx 2827.43$$

圆柱的体积为

$$V_{\text{圆柱}} = \pi R^2 h_2 = \pi \times 30^2 \times 40 \approx 113097.34$$

所以零件的表面积为

$$S = S_{\text{圆锥}} + S_{\text{圆台}} + S_{\text{圆柱}} + S_{\text{底}}$$
$$= 6283.19 + 4917.37 + 7539.82 + 2827.43$$
$$= 21567.81$$

零件的体积为

$$V = V_{\text{圆锥}} + V_{\text{圆台}} + V_{\text{圆柱}}$$
$$= 50265.48 + 77492.62 + 113097.34$$
$$= 240855.44$$

任务小结

旋转体零件常常是由多个简单的旋转体组合而成的，要计算其表面积与体积，需进行图形的分解，可分解成圆柱、圆锥、圆台等简单旋转体，分别计算它们的面积与体积，再相加得到零件的面积与体积．

在圆锥、圆台的计算中，常常构建直角三角形，利用直角三角形、斜三角形的边角关系，来求解圆锥、圆台的母线长与高．

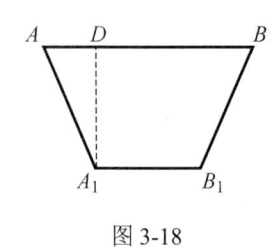

【任务拓展与提升】

任务拓展

如图 3-19（a）所示为运油车上的油罐零件，试根据图 3-19（b）所示的尺寸，计算其表面积与体积．

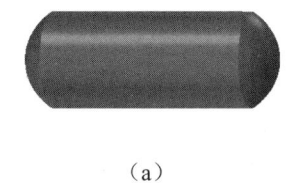

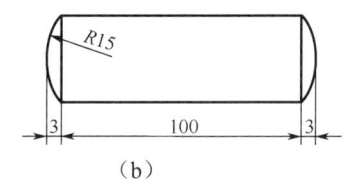

（a）　　　　　（b）

图 3-19

【解题思路】油罐的两头是相同的球缺，中间是圆柱，分别求它们的表面积与体积，相加可得油罐的面积与体积．在球缺的计算中需构建三角形，求得球缺所在球的半径．

知识链接

球、球冠与球缺的面积和体积（见表 3-6）．

表 3-6　球、球冠与球缺的面积和体积

几何体名称	图　形	面　积	体　积
球		$S_{球} = 4\pi R^2$	$V_{球} = \dfrac{4}{3}\pi R^3$
球冠		$S_{球冠} = 2\pi Rh$	
球缺			$V_{球缺} = \pi h^2 \left(R - \dfrac{1}{3}h\right)$

【解题思路】球缺底面是球缺所在球的小圆，为圆柱的底面，构建直角三角形，求解其底面半径．

【解】油罐一端的球缺的轴截面如图 3-20 所示，AB 为球缺底面小圆的直径，O_1 为小圆的圆心，O 为球缺所在球的球心，连接 OO_1，形成 Rt$\triangle AO_1O$．

在 Rt$\triangle AO_1O$ 中
$$r = AO_1 = \sqrt{AO^2 - OO_1^2} = \sqrt{R^2 - (R-h)^2}$$
$$= \sqrt{15^2 - (15-3)^2} = 9$$

球冠的面积为
$$S_{球冠} = 2\pi Rh$$
$$= 2\pi \times 15 \times 3 \approx 282.74$$

球缺的体积为
$$V_{球缺} = \pi h^2 (R - \frac{1}{3}h)$$
$$= \pi \times 3^2 \times (15 - \frac{1}{3} \times 3) \approx 395.84$$

圆柱的底面半径为 $r = 9$
$$S_{圆柱侧} = 2\pi r l = 2\pi \times 9 \times 100 \approx 5654.87$$
$$V_{圆柱} = \pi r^2 l = \pi \times 9^2 \times 100 \approx 25446.90$$

所以油罐的表面积为
$$S = S_{圆柱侧} + 2S_{球冠} = 6220.35$$

油罐的体积为
$$V = V_{圆柱侧} + 2V_{球缺} = 25446.90 + 2 \times 395.84 = 26238.58$$

图 3-20

任务提升

加工如图 3-21（a）所示的螺杆，尺寸如图 3-21（b）所示，求它的体积．

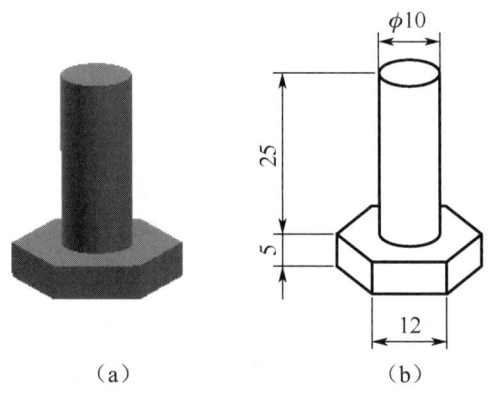

（a）　　　（b）

图 3-21

模块小结

  在数控加工中，不少零件轮廓尺寸数据需要在三维空间中才能表达清楚，因此需要建立三维直角坐标系．建立三维直角坐标系，关键是原点位置的确定，坐标原点一般放在零件图中具有对称性的对称中心，坐标的方向可根据具体情况选择右手法则或左手法则．

  数控车加工的零件一般为轴类零件，属于数学中的旋转体，数控铣加工的零件以棱柱、棱台零件居多，有时零件在加工前常常要进行用料估算，这就需要利用旋转体与多面体这两类空间几何体的相关知识来计算这些零件的大小．旋转体零件常常由多个简单的旋转体组合而成，要计算其表面积与体积，则要进行图形的分解，可分解成圆柱、圆锥、圆台等简单旋转体，分别计算它们的面积与体积，再相加得到零件的面积与体积．

附录

公式一览表

一、直角三角形中的边角关系

图 形	关 系 式	记 忆 方 法
(图：直角三角形 ABC，∠C 为直角，CD⊥AB 于 D，AC=b，BC=a，AB=c)	$\sin A = \dfrac{a}{c}$	$\sin A = \dfrac{\text{对边}}{\text{斜边}}$
	$\cos A = \dfrac{b}{c}$	$\cos A = \dfrac{\text{邻边}}{\text{斜边}}$
	$\tan A = \dfrac{a}{b}$	$\tan A = \dfrac{\text{对边}}{\text{邻边}}$
	$c^2 = a^2 + b^2$	直角三角形的两条直角边的平方和等于斜边的平方（勾股定理）
	$CD^2 = AD \times BD$	在直角三角形中，斜边上的高是两条直角边在斜边射影的比例中项（射影定理）

二、任意三角形的正弦定理

分 类	内 容
图形	(图：△ABC 内接于圆 O，边 BC=a，CA=b，AB=c)
正弦定理	在三角形中，各边和它所对角的正弦值的比值相等，且等于外接圆的直径
公式形式	$\dfrac{a}{\sin A} = \dfrac{b}{\sin B} = \dfrac{c}{\sin C} = 2R$（其中 R 是三角形外接圆的半径）

续表

分 类	内 容
变形公式	① $a:b:c = \sin A : \sin B : \sin C$ ② 角化边：$a = 2R\sin A$，$b = 2R\sin B$，$c = 2R\sin C$ ③ 边化角：$\sin A = \dfrac{a}{2R}$，$\sin B = \dfrac{b}{2R}$，$\sin C = \dfrac{c}{2R}$
解决的问题	① 已知两角和任一边，求其他两边和另一角； ② 已知两边和其中一边的对角，求另一边及其对角

三、任意三角形中的余弦定理

分 类	内 容
图形	（图：三角形 ABC，顶点 A 在上，B 在左下，C 在右下；边 a 在 BC，边 b 在 AC，边 c 在 AB）
余弦定理	在三角形中，任一边的平方等于其他两边的平方和减去这两边与它们夹角的余弦的乘积的两倍
公式形式	$a^2 = b^2 + c^2 - 2bc\cos A$ $b^2 = a^2 + c^2 - 2ac\cos B$ $c^2 = a^2 + b^2 - 2ab\cos C$
公式变形	$\cos A = \dfrac{b^2 + c^2 - a^2}{2bc}$ $\cos B = \dfrac{a^2 + c^2 - b^2}{2ac}$ $\cos C = \dfrac{a^2 + b^2 - c^2}{2ab}$
解决的问题	① 已知三边，求各角； ② 已知两边和它们的夹角，求第三边和其他两个角

四、坐标变换

坐标平移	旧坐标为(x, y)，新坐标为(x', y')，新坐标原点在旧坐标系中的坐标为(h, k)，则 $$\begin{cases} x' = x - h \\ y' = y - k \end{cases} \text{或} \begin{cases} x = x' + h \\ y = y' + k \end{cases}$$
坐标旋转	旧坐标为(x, y)，新坐标为(x', y')，坐标系逆时针旋转角度θ，则 $$\begin{cases} x' = x\cos\theta + y\sin\theta \\ y' = y\cos\theta - x\sin\theta \end{cases} \text{或} \begin{cases} x = x'\cos\theta - y'\sin\theta \\ y = x'\sin\theta + y'\cos\theta \end{cases}$$ 旧坐标为(x, y)，新坐标为(x', y')，坐标系顺时针旋转角度θ，则 $$\begin{cases} x' = x\cos\theta - y\sin\theta \\ y' = y\cos\theta + x\sin\theta \end{cases} \text{或} \begin{cases} x = x'\cos\theta + y'\sin\theta \\ y = -x'\sin\theta + y'\cos\theta \end{cases}$$

五、直线

斜率	(1) $k = \tan\alpha$ (2) $k = \dfrac{y_2 - y_1}{x_2 - x_1}$ $(x_1 \neq x_2)$
直线方程	(1) 点斜式 $y - y_0 = k(x - x_0)$ (2) 斜截式 $y = kx + b$ (3) 两点式 $\dfrac{y - y_1}{y_2 - y_1} = \dfrac{x - x_1}{x_2 - x_1}$ $(x_2 \neq x_1, y_2 \neq y_1)$ (4) 一般式 $Ax + By + C = 0$ (A, B 不同时为零)
两点间的距离	$\|AB\| = \sqrt{(x_2 - x_1)^2 + (y_2 - y_1)^2}$
点到直线的距离	$d = \dfrac{\|Ax_0 + By_0 + C\|}{\sqrt{A^2 + B^2}}$ （点(x_0, y_0)，直线$Ax + By + C = 0$）
两直线平行	$k_1 = k_2$ $(b_1 \neq b_2)$ 或 $\dfrac{A_1}{A_2} = \dfrac{B_1}{B_2} \neq \dfrac{C_1}{C_2}$
两直线垂直	$k_1 k_2 = -1$ 或 $A_1 A_2 + B_1 B_2 = 0$
两直线相交	交点坐标为 $\begin{cases} A_1 x + B_1 y + C_1 = 0 \\ A_2 x + B_2 y + C_2 = 0 \end{cases}$ 的解

六、二次曲线

1. 圆

定义	平面内到一定点的距离为定长的动点轨迹，定点为圆心，定长为半径
标准方程	$(x-a)^2 + (y-b)^2 = r^2$
图形	

2. 椭圆

定义	平面内到两定点的距离之和为定长的动点轨迹，两定点为焦点，定长记为 $2a$
标准方程	$\dfrac{x^2}{a^2} + \dfrac{y^2}{b^2} = 1$ $(a > b > 0)$（焦点在 x 轴上）
图形	
顶点	$A(\pm a, 0)$，$B(0, \pm b)$
对称轴	x 轴，长轴 $A_1 A_2$ 长 $2a$ y 轴，短轴 $B_1 B_2$ 长 $2b$
焦点	$F(\pm c, 0)$，$b^2 = a^2 - c^2$，焦距 $F_1 F_2 = 2c$
离心率	$e = \dfrac{c}{a}$ $(0 < e < 1)$
准线	$x = \pm \dfrac{a^2}{c}$

3. 双曲线

定义	平面内到两定点的距离之差的绝对值为定长的动点轨迹，两定点为焦点，定长记为 $2a$
标准方程	$\dfrac{x^2}{a^2}-\dfrac{y^2}{b^2}=1$ $(a>0, b>0)$（焦点在 x 轴上）
图形	
顶点	$A(\pm a, 0)$
对称轴	x 轴，实轴长 $2a$ y 轴，虚轴长 $2b$
焦点	$F(\pm c, 0)$，$b^2=c^2-a^2$
离心率	$e=\dfrac{c}{a}$ $(e>1)$
准线	$x=\pm\dfrac{a^2}{c}$

4. 抛物线

方程	$y^2=2px\ (p>0)$	$y^2=-2px\ (p>0)$	$x^2=2py\ (p>0)$	$x^2=-2py\ (p>0)$
图形				
顶点	$(0,0)$			
对称轴	x 轴		y 轴	
焦点	$F(\dfrac{p}{2}, 0)$	$F(-\dfrac{p}{2}, 0)$	$F(0, \dfrac{p}{2})$	$F(0, -\dfrac{p}{2})$
离心率	$e=1$			
准线	$x=-\dfrac{p}{2}$	$x=\dfrac{p}{2}$	$y=-\dfrac{p}{2}$	$y=\dfrac{p}{2}$

5. 多面体

几何体	图形及侧面展开图	侧面积	体 积
直棱柱		$S_{直棱柱侧} = cl$ c 为底面周长	$V_{直棱柱} = S_{底}h$
正棱锥		$S_{正棱锥侧} = \dfrac{1}{2}cl$ c 为底面周长	$V_{正棱锥} = \dfrac{1}{3}S_{底}h$
正棱台		$S_{正棱台侧} = \dfrac{1}{2}(c_{上} + c_{下})l$ $c_{上}$ 为上底面周长 $c_{下}$ 为下底面周长	$V_{正棱台} = \dfrac{1}{3}h(S_{上} + S_{下} + \sqrt{S_{上} \cdot S_{下}})$

6. 旋转体

几何体	图形及侧面展开图	侧面积	体 积
圆柱		$S_{圆柱侧} = cl = 2\pi rl$	$V_{圆柱} = S_{底}h = \pi r^2 h$
圆锥		$S_{圆锥侧} = \dfrac{1}{2}cl = \pi rl$	$V_{圆锥} = \dfrac{1}{3}S_{底}h = \dfrac{1}{3}\pi r^2 h$
圆台		$S_{圆台} = \dfrac{1}{2}(c_{上} + c_{下})l$ $= \pi(r+R)l$	$V_{圆台} = \dfrac{1}{3}h(S_{上} + S_{下} + \sqrt{S_{上} \cdot S_{下}})$ $= \dfrac{1}{3}\pi h(r^2 + R^2 + r \cdot R)$

7. 球

几何体	图 形	面 积	体 积
球		$S_{球} = 4\pi R^2$	$V_{球} = \dfrac{4}{3}\pi R^3$
球冠		$S_{球冠} = 2\pi Rh$	
球缺			$V_{球缺} = \pi h^2 (R - \dfrac{1}{3}h)$

反侵权盗版声明

电子工业出版社依法对本作品享有专有出版权。任何未经权利人书面许可，复制、销售或通过信息网络传播本作品的行为；歪曲、篡改、剽窃本作品的行为，均违反《中华人民共和国著作权法》，其行为人应承担相应的民事责任和行政责任，构成犯罪的，将被依法追究刑事责任。

为了维护市场秩序，保护权利人的合法权益，我社将依法查处和打击侵权盗版的单位和个人。欢迎社会各界人士积极举报侵权盗版行为，本社将奖励举报有功人员，并保证举报人的信息不被泄露。

举报电话：（010）88254396；（010）88258888

传　　真：（010）88254397

E-mail：　dbqq@phei.com.cn

通信地址：北京市万寿路173信箱

　　　　　电子工业出版社总编办公室

邮　　编：100036